涠洲岛珊瑚礁栖生物图鉴

Reef Creatures of Weizhou Island

王　欣◎主编

北京科学技术出版社

编者名单

主　　编　王　欣

副 主 编　王举昊　王俊杰　陈　骁

编写人员　周浩郎　黄　雯　骆雯雯　林明晴　蓝军南　李银强

图书在版编目（CIP）数据

涠洲岛珊瑚礁栖生物图鉴 / 王欣主编. -- 北京：
北京科学技术出版社，2025.6
ISBN 978-7-5714-3535-6

Ⅰ . ①涠… Ⅱ . ①王… Ⅲ . ①珊瑚礁—海洋生物—北
海—图集 Ⅳ . ①Q178.53-64

中国国家版本馆 CIP 数据核字 (2023) 第 244954 号

策划编辑：李　玥
责任编辑：汪　昕
责任校对：贾　荣
封面设计：天露霖文化
图文制作：天露霖文化
责任印制：张　宇
出 版 人：曾庆宇
出版发行：北京科学技术出版社
社　　址：北京西直门南大街16号
邮政编码：100035
电　　话：0086-10-66135495（总编室）　　0086-10-66113227（发行部）
网　　址：www.bkydw.cn
印　　刷：北京顶佳世纪印刷有限公司
开　　本：710 mm×1 000 mm　1/16
字　　数：265千字
印　　张：17.25
版　　次：2025年6月第1版
印　　次：2025年6月第1次印刷
审 图 号：GS（2020）4619号
ISBN 978-7-5714-3535-6

定　　价：**179.00元**

前言

    涠洲岛是我国北部湾内最大的海岛，位于北纬 20° 54′ ~ 21° 10′、东经 109° 00′ ~ 109° 15′，呈椭圆形，长 7.5 km，宽 5.5 km，全岛陆域面积约 24.98 km^2。它是我国最大、最年轻的由火山喷发堆积形成的岛屿，也是北部湾唯一拥有珊瑚礁的岛屿。涠洲岛的珊瑚礁类型为发育于火山基岩之上的岸礁（fringing reef）。已有的 ^{14}C 定年结果显示，涠洲岛珊瑚礁的初始发育时间为距今约 7000 年前的全新世大西洋期。目前，涠洲岛已发现造礁石珊瑚 12 科 33 属 82 种。涠洲岛因其独特的地质地貌和珊瑚礁生态系统，被批准建立涠洲岛火山国家地质公园、国家级海洋公园和自治区级自然保护区。

    20 世纪以来，涠洲岛珊瑚礁一直在不断退化，活珊瑚覆盖率快速下降，具体表现为：北部活珊瑚覆盖率由 2005 年的 63.70% 下降到 2010 年的 12.10%，东南部活珊瑚覆盖率由 1991 年的 60.00% 下降到 2010 年的 17.58%，西南部活珊瑚覆盖率由 1991 年的 80.00% 下降到 2010 年的 8.45%。为此，广西海洋科学院（广西红树林研究中心，简称"中心"）对涠洲岛珊瑚礁生态系统进行了多次综合生态调查，积累了大量珊瑚礁栖生物的数据和照片。在此基础上，中心联合华南师范大学、华南农业大学、广西大学和南宁师范大学，对有记录的物种进行了分类和鉴定，整理出相应物种的原色生态照片和部分物种的标本照片，并将其总结成书，即《涠洲岛珊瑚礁栖生物图鉴》。本书较为全面地反映了涠洲岛珊瑚礁栖生物的多样性，期望能为后续研究提供参考。

    其中包括造礁石珊瑚 71 种、八放珊瑚 32 种、海葵 13 种、环节动物 28 种、软体动物 248 种、节肢动物 118 种、棘皮动物 15 种、鱼类 68 种、大型藻类 19 种、其他生物 34 种，共计 646 种。其中部分物种因未有中文正式名称，故只标记学名。

本书由中心王欣副研究员组织编写，由骆雯雯负责文字编排、图片处理。六放珊瑚纲、八放珊瑚纲、海草和大型藻类等部分由王欣副研究员负责，其中石珊瑚部分由骆雯雯和南宁师范大学李银强博士负责整理和鉴定，并获得了中国科学院南海海洋研究所黄晖研究员和江雷博士的协助鉴定，柳珊瑚部分获得了海南大学李秀保教授和中国科学院南海海洋研究所杨剑辉的协助鉴定，大型藻类部分获得了南宁师范大学廖芝衡博士的补充完善，海葵部分获得了中国科学院海洋研究所李阳博士的协助鉴定。软体动物由广西大学海洋学院黄雯博士和王举昊负责拍摄和鉴定；隐居生物部分由周浩郎研究员和林明晴负责现场调查和采样，由广西海洋环境监测中心站刘勐伶高级工程师负责鉴定和拍摄；鱼类部分由陈骁教授和王俊杰教授负责拍摄和鉴定；海蛞蝓部分由蓝军南和王举昊负责拍摄和鉴定，同时获得了广西民族大学刘昕明博士的协助鉴定；节肢动物、扁形动物等部分由王举昊负责拍摄和鉴定。

本书的调查工作获得了广西涠洲岛珊瑚礁国家级海洋公园管理站、北海探索潜水运动基地有限公司的大力支持，同时获得了中国－东盟海上合作基金"中国－东盟渔业资源保护与开发利用（CAMC-2018F）项目"、广东省科技厅科学考察"北部湾海洋科学渔业资源考察（2018B030320006）项目""珊瑚礁生态恢复示范工程（一）（XYEZFG2016035）项目"、广西科技厅重点研发计划项目（桂科 AB19245045）、国家自然科学基金项目（41666008）和广西基金重点项目（2016GXNSFDA380035）的资助，在此表示感谢。

目录

第一章

总 论

涠洲岛地理位置

涠洲岛（N 20º54′ ～ 21º10′、E 109º00′ ～ 109º15′），又称涠洲墩、马渡，位于广西壮族自治区北海市东南面的北部湾中部，东望雷州半岛，南与海南岛隔海相望，西面越南，北靠北海市，东南与斜阳岛毗邻，见图1。涠洲岛不仅是北部湾中最大的岛屿，也是我国地质年龄最年轻的火山岛。岛屿地形呈椭圆形，短直径为 5.5 km，长直径为 7.5 km，面积为 24.98 km²，海岸线全长为 36.6 km，潮间带面积为 3.47 km²。潮间带含有大量珊瑚碎屑。涠洲岛地势呈南高北低，自南向北缓缓倾斜，海拔高度为 20.0 ～ 40.0 m，最高点位于南部西拱手，海拔为 78.6 m。

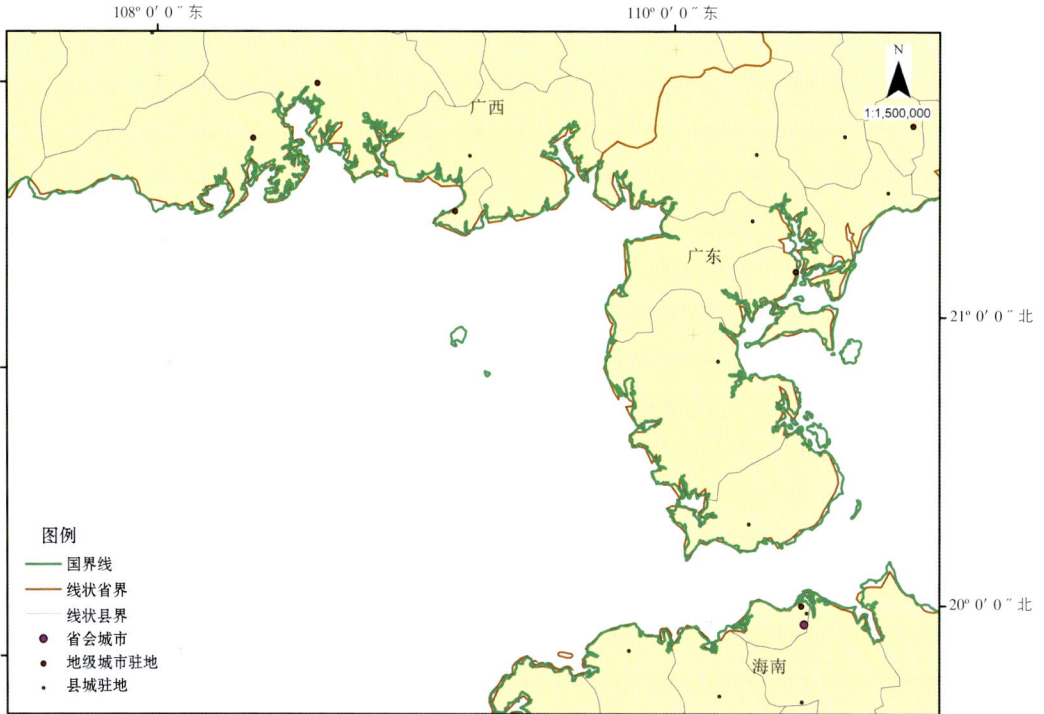

图 1　涠洲岛地理位置示意图

1995 年，涸洲岛被评定为自治区级旅游度假区；2004 年，被国土资源部批准建立广西北海涸洲岛火山国家地质公园；2016 年，被列为国家"十三五"旅游发展规划海岛特色旅游目的地之首。涸洲岛由火山喷发堆积而成，其海蚀地貌发育奇特，具有地质古老的火山、纯天然的海滩、湛蓝的海水等美丽景观。涸洲岛宜人的气候条件和优美的自然环境使其具有"蓬莱岛"之称，曾被《中国国家地理》杂志评为"中国最美的海岛"。涸洲岛适宜旅游观光、休闲度假、科考探险，是我国南方海岛中不可多得的旅游度假胜地之一，也是享誉全国的著名旅游景区。

涸洲岛自然环境

1.地质地貌

1.1 地质概况

涸洲岛地处北部湾坳陷区的中部和北部，其地质构造经历了长期且复杂的演变过程。涸洲岛是一座火山岛屿，在第四纪经多次火山喷发在水下堆积形成，之后又受到复杂的构造抬升作用的影响缓慢上升。岛上露头和钻孔所显示的地质信息揭示了其第四纪地层包括：早更新世湛江组（Q1z），含黏土质砂、粉细砂、含砾粗砂；中更新世石峁岭组（Q2s），含玄武质凝灰岩、橄榄粗玄武岩、玄武质火山碎屑岩；晚更新世湖光岩组（Q3h），含玄武质凝灰岩、凝灰质砂岩、玄武质火山角砾岩、橄榄玄武岩和集块岩；全新世（Q4），含珊瑚碎屑海滩岩、米黄色生物碎屑海滩岩、生物碎屑海滩岩、红棕色砂质黏土、棕色砂质黏土、红棕色与灰色和白色火山碎屑砂。

涸洲岛的新构造运动相对明显，特别是在中更新世至晚更新世期间，表现为高度下降、海底火山活动频繁、海水入侵，且至少有 5 次火山喷发。火山岩中风化红土出现的次数揭示了该时期涸洲岛发生了多次间歇性升降地壳运动。

1.2 地貌特征

涸洲岛南部沿岸以海蚀地貌为主，北部沿岸以珊瑚礁地貌和海积地貌为主，岛上保存着不同程度的火山活动遗迹。涸洲岛经历了第四纪喜马拉雅期火山喷发和水下堆积，并受到海洋风暴、地震及海啸的影响，加之风、浪、流的长期侵蚀、搬运和堆积作用的影响，便形成了各种各样的地貌类型。按其成因、形成特征、空间分布和形态进行组合，可分为：火山地貌、海积地貌、海蚀地貌、流水地貌、珊瑚礁地貌、重力地貌、海积 - 冲积地貌和人工地貌。其中，火山地貌、海积地貌、海蚀地貌、珊瑚礁地貌较突出和明显。

2.土壤分析

涸洲岛上的主要土壤类型包括：赤红壤、风沙土、滨海盐土、火山灰性薄层土和水稻土。其中，分布最广泛的是赤红壤，发育于沉凝灰岩母质，主要分布在岛上的丘陵地带。因岛上温度高和降雨量少等因素的影响，此类土壤的风化程度较高，铝化程度较弱，盐基饱和度高。土壤呈现红棕色，为紧实的块状结构，土体较深厚，质地偏重，土层中间有胶膜，有强石灰性反应，土壤呈现碱性。土壤有机质和氮的含量低于陆地自然条件下的土壤，但水肥条件相对较好，适宜各类灌木的生长，全磷钾和全磷的含量较高，有助于农作物的生长。

风沙土分布在岛上的沙质岸线内侧，主要以沙堤、沙丘和沙地的形式存在。其土层较深厚，但剖面并无明显发育层次，土质较粗，常以直径 0.05 ~ 1.00 mm 的沙粒为主，形态松散，因此极易出现漏水、漏肥和干旱等现象。风沙土的肥力较低，有机质含量少，不适合植物的生长。

滨海盐土主要分布在光滩带位上，是潮滩盐土亚类中的石灰质盐土。其土质疏松，常见珊瑚屑、螺和贝壳藏于土层内部，土壤 pH 为 5.6 ~ 8.8，呈弱碱性或碱性。其有机质含量较低，多低于 0.50%，氮、磷、钾的含量很低，土壤缺乏养分，盐分组分以氯离子、钠离子为主，含量为 0.36% ~ 0.59%。总体而言，此类土壤最适合发展水产养殖业。

火山灰性薄层土分布于横路山火山口附近，是涠洲岛特有的一种土壤，始发于喜马拉雅期第三次喷发时期的沉凝灰岩。其成土的过程中，脱硅富铝化能力较弱，并伴有少量的水云母；因盐基淋溶土壤一直处于高度饱和状态，土质为微酸性，耕种施肥后则可呈现中性。此类土壤土层相对浅薄，质地为中壤至重壤，含有较多有机质，氮、磷、钾含量较丰富，铁、锌、锰、铜等其他微量元素含量也相对较高，不适合耕种。

水稻土分布于岛上中部低凹地带间的沟峪，大部分为沉凝灰岩母质赤红壤。岛民耕种水稻使土壤熟化发育。土壤在长期的耕种、灌溉和施肥等措施下，发生了氧化还原作用，因此形成了特有的剖面结构。此类土壤质地为壤土至黏土，呈中性或碱性，结构良好。水稻土所处的地势低平，水位不高，灌溉正常，其养分含量相对丰富，水肥能力相对较强，有机质含量高，适宜水稻生长。

3. 气候条件

涠洲岛属亚热带季风气候，温暖湿润，年平均气温为 23.1 ℃。但近年来涠洲岛的年平均气温比往年要高 0.4 ~ 0.8 ℃，年极端最高温度为 35.4 ℃，最低则为 2.9 ℃，平均气温最高月份为 7 月（29.0 ℃），最低月份为 1 月（15.5 ℃）。

涠洲岛的雨季为 5 ~ 10 月，旱季为当年 11 月 ~ 次年 4 月。岛上年平均降雨量为 1388.4 mm，年降雨量最多可达 2120.7 mm，最少为 653.8 mm。其中，8 月降雨量最大，可达 311.6 mm；1 月降雨量最少，为 25.5 mm。年平均降雨天数可达 123 天，年平均暴雨天数为 6.3 天。常见的自然灾害有台风、雷暴、暴雨、春旱、大雾、低温、龙卷风等，其中台风是使涠洲岛受灾程度最大的自然灾害，一般出现在 7 ~ 10 月。岛上的大雾天气多出现在 1 ~ 4 月，西南季风气候多出现在 5 ~ 8 月，雷暴高发期为 5 ~ 9 月。涠洲岛的降雨量除了会受到全球大环境的影响外，还会受到台风的影响，台风高峰期降雨量会增多，反之减少。

涠洲岛年平均日照总时数达 2234 h，日照百分率达 51%，年平均日照 6.2 h，阳光充足，空气质量良好，负氧离子为 2500 ~ 5000 个 /cm³，大气质量符合国家一级标准。涠洲岛在暖季降雨量大于北海，主要是由海岛和近岸的陆地面积较大、海陆热力差异明显所致。夏季主要是西南气流，冬季为西北风。涠洲岛年平均风速为 3.9 ~ 5.8 m/s，多年风速平均值为 4.6 m/s。其风向有较明显的季节性：夏季主要为偏南风，平均风速为 4.4 m/s；冬季主要为偏北风，平均风速为 5.3 m/s。地处季风气候区的涠洲岛，其风向主要是强风向和常风向：强风向可分为 NNE 和 N，平均风速分别为 5.3 m/s 和 5.9 m/s；常风向分为 ENE 和 NNE，频率分别为 12.4% 和 18.2%。因涠洲岛独特的地理位置，其海域风向和风速会随季节的变化而变化，夏季（6 ~ 8月）的平均风速最大，春季（3 ~ 5月）的平均风速最小，其他月份的平均风速为 3.7 ~ 4.8 m/s。

4. 水文条件

4.1 潮汐、潮流与波浪

涠洲岛海域为正规全日潮，全日分潮在该海区内占主导地位。据统计，涠洲岛 20 世纪 60 年代到 90 年代，平均海面为 2.10 m，平均低潮位为 1.03 m，平均高潮位为 5.12 m。由于海岛海域开阔，涠洲岛多年平均潮差为 2.33 m，最大潮差为 5.44 m，极水位出现在台风或寒潮期间。

涠洲岛海域潮流的运动形式为往复流，其平均涨潮流速为 32.4 ~ 74.3 cm/s，平均落潮流速为 40.6 ~ 90.5 cm/s。表层流的流速大于底层流，各层落潮流的流速大于涨潮流，且落潮流矢方向比较集中，表明该海域的落潮流向相对稳定；但涨潮流矢方向比较分散，这是因为该海域的涨潮会受到很多因素的影响，所以涨潮流矢方向的变化相对大。比如在冬季时期，涠洲岛以西且北纬 21° 以北的浅海处会存在很大的逆时针涡流，流速可达 10.0 ~ 20.0 cm/s。

涠洲岛的波浪以风浪为主，涌浪相对较少。风浪的月平均频率可达到 98% ~ 100%，年均波高为 0.6 m，最大波高为 5.0 m。受亚热带季风气候的影响，以及在风浪和外海涌浪的共同作用下，强浪向偏西南，常浪向为 NNE，次强浪向偏东北。强浪向的波浪对涠洲岛的影响比较大。

4.2 海水表面温度、盐度、透明度

涠洲岛海域年平均海面温度为 24.6 ℃，变化范围为 23.8 ~ 25.5 ℃。夏季海温偏高，平均为 29.1 ~ 30.4 ℃；冬季偏低，平均为 17.5 ~ 19.8 ℃；春季为 19.0 ~ 23.0 ℃；秋季为 27.2 ~ 28.7 ℃。

海水的盐度平均值为 32.1‰，最大值为 33.5‰（2004 年），最小值为 30.8‰（2009 年），均处于珊瑚对盐度变化的适应范围内（30.0‰~ 40.0‰）。盐度受季节变化影响不明显。

海水的透明度较大，水下可见距离为 3.0 ~ 10.0 m。

4.3 地表水与地下水

涠洲岛是独立水文地质岛屿，四面环海，受空间和时间的影响，降雨量不均匀；加之岛上独特的地质地貌，造成岛上没有天然河流的形成条件，导致其地表水资源稀缺。岛上的水利设施是水库和山塘：水库的库容量为 187.0 万 m³，集雨面积是 5.5 km²；山塘共 52 处，总库容量为 16.5 万 m³。涠洲岛是广西降雨量最少的地区之一，尤其是每年的 10 月至次年 6 月，降雨量仅为全年的 30%，其间缺水比较严重。岛上年降雨量最多可达 2120.7 mm，但大部分雨水都流入了附近的海域，造成淡水资源的浪费。岛上居民人均水资源占有量为 996.0 m³。截至 2021 年，涠洲岛地表水的供给都远不能满足居民的用水需求。

岛上用水主要来源于地下水，因其地质成分为岩石和火山灰，导致藏水系数低，且地下水体为悬浮在大海中的蛋形体，最大厚度约 170 m。虽然地下水水质良好，但埋藏深且分布不均，导致补水困难，降雨是唯一的自然补给。雨水可进入火山岩形成潜水，再经黏土质的半透水层，进入碎屑岩层形成承压水。岛上共设有 19 眼地下水位专用监测井，但因水量不足等原因，现已停用 5 眼，正常抽水的仅 14 眼。相关监测数据表明，地下水水位整体呈下降趋势。2002 年以来，岛民私自挖掘的井的数量不断增加，因不合理的布局和超采，使地下水水位下降了 4 m；平顶山水厂附近的地下水破坏尤为严重，甚至形成了地下水漏斗。淡水资源的稀缺，对岛上居民的生活和外来旅客的度假生活产生了很大的影响。虽建立有水库，但岛上的淡水资源还是极度紧缺，只能解决少量居民用水问题，其他淡水一般都是从北海市区通过海运方式运至岛内。

5. 海水水质

经检测，2023 年秋季涠洲岛海水的溶解氧含量（DO）为 6.29 ～ 7.22 mg/L，平均含量为 6.79 mg/L；悬浮物含量为 8.23 ～ 12.55 mg/L，平均含量为 10.78 mg/L；无机氮含量为 9.90 ～ 64.60 μg/L，平均含量为 27.50 μg/L；无机磷含量为 0.01 ～ 0.03 mg/L，平均含量为 0.02 mg/L；油类含量在未检出至 10.60 μg/L 的范围内变动，平均含量为 5.20 μg/L；重金属铜、铅、锌、镉、总铬、汞、砷的平均含量分别为 1.71 μg/L、0.28 μg/L、16.05 μg/L、0.04 μg/L、1.05 μg/L、0.02 μg/L、2.52 μg/L。各项理化指标均符合一类水质的标准，表明涠洲岛海域整体水质状况良好，适合珊瑚生长。此外涠洲岛海域还存在自东南向西北的余流和气旋式环流，为珊瑚的繁殖与生长发育创造了良好的水动力条件。

6. 生物条件

涠洲岛位于北部湾渔场的北部，其独特的地理条件给生物创造了较好的生存环境。涠洲岛附近海域的生物资源极其丰富，海洋动物种类繁多，渔业发达。涠洲岛附近海域有水母类、樱虾类等浮游动物共 90 余种；浮游植物 87 种，其中硅藻 31 属 81 种，甲藻 4 属 5 种；底栖动物共 279 种。据调查，涠洲岛珊瑚礁海域鱼类共有 2 纲 12 目 49 科 84 属 114 种，其中硬骨鱼有 10 目 47 科 82 属 112 种，软骨鱼有 2 目 2 科 2 属 2 种。受自然环境和人类活动的影响，不同季节该海域内出现的鱼类种数存在差异：春季有 88 种，夏季有 63 种，秋季有 76 种，冬季有 50 种。该海域的鱼类可分温水性鱼和暖水性鱼，分别为 12 种和 102 种。涠洲岛珊瑚礁海域鱼类的物种组成与广东徐闻珊瑚礁海域较为相似，与海南珊瑚礁海域相似度低，与西沙赵述岛珊瑚礁海域相似度最低。其中与徐闻珊瑚礁海域相同的鱼类有 35 种，与海南珊瑚礁海域相同的有 27 种，与西沙珊瑚礁相同的仅有 7 种。因受人类活动的干扰，涠洲岛珊瑚礁鱼类的相对丰度较低，数量也相对较少。

涠洲岛珊瑚礁生态系统中的珊瑚包括 23 个属 45 个种，涠洲岛的西南部和东部为硬质的礁石基底，东南部和北部为较为松软的砂质基底。因礁石、基岩和砾石等硬质基底更有利于珊瑚的附着，故涠洲岛西南部的珊瑚礁种类更为丰富。此外，调查结果显示，涠洲岛西南部海域造礁石珊瑚共有 9 科 38 种，其中滨珊瑚（*Porites* sp.）、秘密角蜂巢珊瑚（*Favites abdita*）、斯氏伯孔珊瑚（*Goniopora stutchburyi*）为优势种。

涠洲岛珊瑚礁的年龄为（6900±100）a，它们经过了长达约 7000 年的演变，是历史的见证。岛民以珊瑚礁为建筑材料，建造了很多具有当地特色的珊瑚民房，给涠洲岛旅游业的发展提供了一定的帮助。得天独厚的珊瑚礁资源和其他景观资源，促进了涠洲岛旅游业的快速发展。但对于涠洲岛海域珊瑚礁资源的不合理开发和利用，使其受到了严重破坏，打破了原有的生态平衡系统，甚至导致了珊瑚白化，珊瑚礁生态系统功能退化，珊瑚覆盖率不断下降，种类、数量均减少，优势属种在适应环境的过程中不断变化等现象发生。因此，只有对涠洲岛海域珊瑚礁进行健康评估，摸清该海域的珊瑚资源状况，采取正确、合理的对策和措施，才能维持珊瑚礁健康可持续的发展。

涠洲岛是西太平洋沿岸候鸟迁徙的重要停歇地，为了保护各类候鸟，广西壮族自治区人民政府于 1982 年在涠洲岛批准建立了自然保护区。据统计，保护区鸟类共 16 目 52 科 186 种，占广西鸟类种数（543 种）的三分之一左右。这些鸟类中有 13 种被世界自然保护联盟（IUCN）列为受胁物种，3 种为濒危（EN）物种，6 种为易危（VU）物种，4 种为近危（NT）物种。在保护区鸟类中，旅鸟有 117 种，占比为 62.90%，数量最多；冬候鸟有 48 种，占比为 25.81%；留鸟有 14 种，占比为 7.53%；夏候鸟有 7 种，占比为 3.76%。国家重点保护鸟类有 29 种，其中一级重点保护 2 种，二级重点保护 27 种；中日候鸟保护协定鸟类有 93 种，中澳候鸟保护协定鸟类有 30 种。虽然该保护区是众多的迁徙鸟类的越冬地，也是重要的停歇地，但因保护区的资金不足，缺乏相关设备，因此很难进行有效的管理，致使岛上时常发生偷猎；此外，海滩旅游的开发和岛民的"赶海"活动也会使鸟类的食物受限；以及岛上建立的原油码头也一定程度地破坏了鸟类的栖息地，造成了鸟类食物资源减少，这些都会影响候鸟迁徙。

相比于珊瑚礁、鸟类资源、乡土建筑和旅游开发，关于涠洲岛植物资源方面的研究相对较少。涠洲岛的林木资源丰富，根据调查，共有 131 种，隶属于 77 科 121 属，其中蕨类植物 2 科 3 属 4 种，裸子植物 1 科 1 属 1 种，被子植物 74 科 117 属 126 种。其中，乔木植物种类最多，为 44 种，占比约 33.59%；草本植物为 41 种，占比约 31.29%；灌木植物有 34 种，占比约 25.95%；藤本植物为 12 种，占比约 9.16%。涠洲岛常见乔木包括波罗蜜、凤凰木、柚子、阳桃、杧果、苦楝、黄皮、龙眼、榕树、苹婆、鹊肾树等；常见灌木包括九里香、朱槿、草海桐、紫薇、苦郎树、黄荆、夜香树、南天竹、桑树、山茶、无花果等；常见草本植物包括华南毛蕨、假鞭叶铁线蕨、蜈蚣草、磨盘草、黄花棯、小叶冷水花等；常见藤本植物包括茑萝、叶子花、牵牛、落葵、葡萄、火龙果等。岛上大部分的土地空间用于栽种香蕉（*Musa nana*）和木麻黄（*Casuarina equisetifolia*），这两种植物占据了植物资源的主体地位。

从旅游开发角度来看，由鳄鱼山景区的原生滨海植物和寺庙、宅基地的绿化植物构成的滨海植物景观、生态景观，展现了当地特色和风水林生态环境等，游客能在岛上感受到浓郁的海岛风情和大自然的神奇；教堂、妈祖庙等建筑中的古树，见证了岛上的历史发展和中西方文化的自然结合，它们也是适应能力最强的、最有生态价值和研究价值的植物种类。

涸洲岛社会经济情况

1. 人口

涸洲岛下辖 2 个社区和 9 个行政村，共 52 个自然村。截至 2018 年，涸洲岛户籍人口为 18542 人，常住居民为 2000 多户，常住人口为 9000 多人。旅游高峰期的流动人口为 7000 ~ 10000 人；旅游平峰期的流动人口为 2000 ~ 3000 人。根据北涸洲岛旅游区管理委员会提供的相关数据，夏季和秋季单日上岛游客不超过 9000 人，冬季和春季单日上岛游客不超过 11000 人。

2. 经济

岛民大多从事渔业和农业生产，其中以出海捕捞和种植水稻、香蕉、花生等农作物为主，这也是他们的主要经济收入来源。涸洲岛附近海域有丰富的油气资源，初步勘探表明，涸洲岛附近海域含油气面积在 3000 km^2 以上，油气资源储量为 12.95 亿 t。2011 年，南海油田公司在岛上建立了油气工程项目，为岛上的油气供给提供了一定的帮助，但也给岛上的环境造成了负面影响。

从 2010 年开始，岛上大力发展旅游业。随着岛上第三产业的发展，旅游人数和旅游经济收入逐步增加。2014 年，岛上从事第三产业农户为 1541 户，从业人员有 5251 人，总收入可达 14954 万元；2015 年，上岛游客达 77.4 万人次，同比增长 6.47%，旅游总收入为 4.70 亿元；2016 年，涸洲岛接待游客已达 88.4 万人次，门票收入 5.74 亿元；在 2017 年，共接待游客 130 万人次，门票收入达 8.44 亿元，这是近些年岛上旅游门票收入增长最快的一年，同比增长了 47.04%；2018 年，旅游增长相对放缓，接待游客 138 万人次，门票收入达 8.96 亿元，同比增长 6.16%；2019 年，涸洲岛接待上岛游客达 161.72 万人次，实现旅游总收入 23.74 亿元，增长 19.29%。

2019 年，《涸洲岛旅游区概念性规划》获北海市人民政府批复，开展了符合涸洲岛整体风貌的民房建设工程，以此增加收入。除此之外，涸洲岛还不断提升交通的便利性，为岛上的旅游发展持续赋能。涸洲岛的陆地面积较小，与大陆联系的主要途径是水上交通，因此涸洲岛开设了多条航线通向北海市市区。2019 年 5 月，北海至涸洲岛水上飞机航线，也是国内首条水上飞机固定航线，正式首航，有水上飞机 1 架、直升机 2 架，可满足高端游客需求。据 2022 年 2 月发布的《广西壮族自治区民用航空发展规划（2021—2035 年）》，2025 年前涸洲岛还将增加一座通用机场。

在矿产方面，涸洲岛有褐铁矿矿化点、玄武岩矿床及工艺珊瑚等较为丰富的矿产资源。

在能源利用方面，涸洲岛近 23 的年均风速为 5.1 m/s，全年达到发电可利用风速 3.3 m/s 的时间达到了 5782 h，有效风能密度为 122 W/m^2，具有良好的风能开发利用价值。

在农业发展方面，据 2013 年社会经济调查结果显示，涸洲岛当年的现有耕地面积为 747 hm^2，年粮食产量达 825 t，农民人均纯收入为 3995 元；2017 年，根据政府文件统计，涸洲岛旅游区现有土地确权耕地面积约为 1136.56 hm^2，其中香蕉的种植面积约为 424.66 hm^2，涸洲岛本地特色花生的种植面积约为 33.86 hm²，两者种植面积共约为 458.52 hm²，占耕地面积约 40.34%。但由于近年农作物产出效益低，农民耕作热情不高，致使耕地撂荒较多，不仅造成农民农业收入减少，还导致耕地资源过度浪费，不利于可持续发展。

涠洲岛珊瑚礁概况

1. 涠洲岛珊瑚礁分布

涠洲岛核心礁区主要分布于西南部沿岸浅海、东北沿岸浅海、东部沿岸浅海一带海域，见图 2。涠洲岛珊瑚礁沿着海岸线分布，在西北部沿岸海域分布范围最宽，其分布外沿垂向岸线的宽度最宽处约为 2.56 km，东北部、东部、东南部、西南部次之，分别为 0.98 ~ 2.07 km、1.11 ~ 2.35 km、1.10 ~ 2.08 km、0.86 ~ 1.15 km；猪仔岭南侧沿岸有小范围岸礁分布，宽度为 0.20 ~ 0.34 km，而西部（竹蔗寮 – 大岭脚）沿岸海域只有零星活石珊瑚分布，南湾内仅有西侧沿岸发现零星的石珊瑚分布。

涠洲岛沿岸均有珊瑚出现，珊瑚分布的岸线较长，约为 19.84 km，面积约为 28.50 km²，其中柳珊瑚的分布面积约为 7.18 km²；涠洲岛猪仔岭珊瑚分布的岸线长约为 0.12 km，面积约为 0.07 km²。

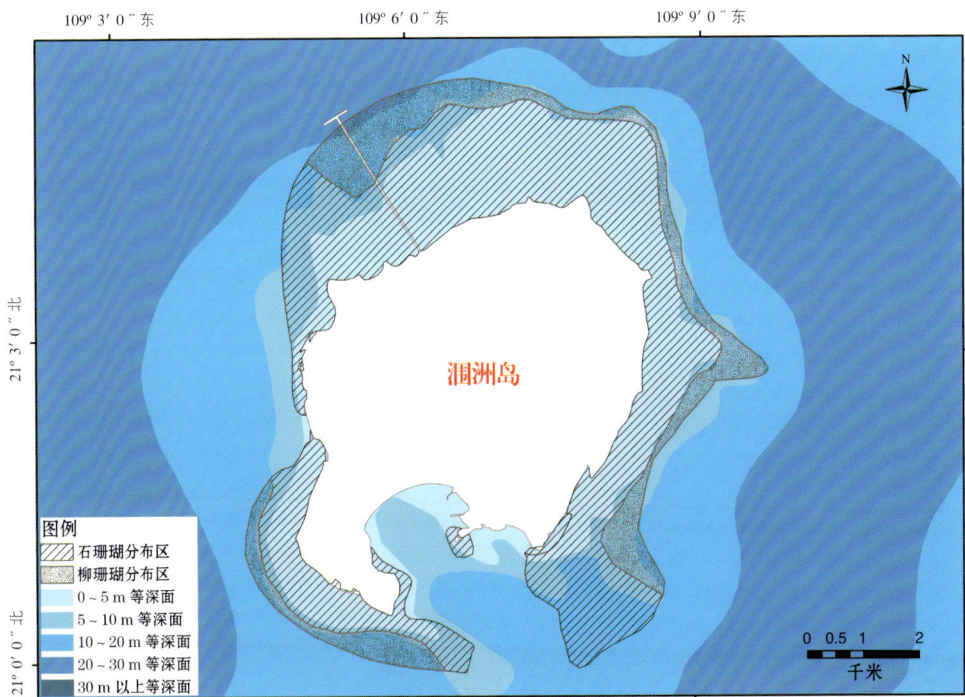

图 2 涠洲岛珊瑚礁分布图

2. 涠洲岛造礁石珊瑚种类

关于涠洲岛的珊瑚种属分布，1986年，广西海岸综合调查报告中统计为21属45种；1987年，黄金森等报道了21属45种；1988年，邹仁林、张元林报道了20属35种；1998年，王敏干、王丕烈、麦海莉对涠洲岛珊瑚礁进行了调查，报道了19属17种，8种未定种；2001年，广西海洋局对涠洲岛珊瑚属种进行了初步调查和采样，共鉴定出14属16种，4种未定种；2005年，广西红树林研究中心在进行"涠洲岛海区珊瑚礁资源调查"时，鉴定出涠洲岛、斜阳岛海区珊瑚虫纲有3目14科38种，2006年鉴定出涠洲岛珊瑚虫纲有11科33种；2007～2008年，在908专项的"广西重点生态区综合调查"中，共鉴定并统计出造礁石珊瑚10科22属55种，9个未定种；2015年，广西红树林研究中心在"广西珊瑚礁生态资源调查"项目中，发现涠洲岛造礁石珊瑚22属39种；2017年，广西涠洲岛珊瑚礁国家级海洋公园通过珊瑚礁本底调查发现10科23属41种；2018年、2019年，广西红树林研究中心分别调查发现10科23属58种和9科38种；2019年，国家海洋局南海环境监测中心调查发现为9科22属42种。涠洲岛造礁石珊瑚种类报道记录汇总见表1。

根据《中国珊瑚礁状况报告》，涠洲岛造礁石珊瑚数量为12科33属82种。

表1 涠洲岛造礁石珊瑚种类报道记录汇总

报道时间	报道人或单位	报道海域	种类数量
1987年	黄金森 等	涠洲岛	21属45种
1998年	王敏干、王丕烈、麦海莉	涠洲岛	19属17种，8种未定种
2001年	广西海洋局	涠洲岛	14属16种，4种未定种
2005年	广西红树林研究中心	涠洲岛、斜阳岛	14科38种
2006年	广西红树林研究中心	涠洲岛	11科33种
2007~2008年	广西红树林研究中心（908专项）	涠洲岛	22属55种，9个未定种
2015年	广西红树林研究中心	涠洲岛	22属39种
2017年	广西涠洲岛珊瑚礁国家级海洋公园	涠洲岛	10科23属41种
2018年	广西红树林研究中心	涠洲岛	10科23属58种
2019年	广西红树林研究中心	涠洲岛西部海域	9科38种
2019年	国家海洋局南海环境监测中心	涠洲岛	9科22属42种

3. 涠洲岛造礁石珊瑚覆盖率

在1991年之前，涠洲岛造礁石珊瑚的平均覆盖率达到70.0%；2001年，广西海洋局调查涠洲岛珊瑚礁资源时，余克服、蒋明星等人发现涠洲岛造礁石珊瑚的平均覆盖率为50.0%～60.0%，到2005年则下降至23.8%；2014年，涠洲岛的造礁石珊瑚的平均覆盖率下降至 10.1%；2017 年的调查结果表明，较 2014 年，该区域的覆盖率变化不大，为 10.0%；2018 年的调查则表明，涠洲岛造礁石珊瑚的平均覆盖率上升至 17.6%；2019 年南海环境监测中心调查发现，涠洲岛造礁石珊瑚平均覆盖率下降至 10.5%。近年来，涠洲岛珊瑚退化速率虽有所减缓，但造礁石珊瑚的平均覆盖率仍处于较低水平。涠洲岛造礁石珊瑚覆盖率的历年变化见图 3。

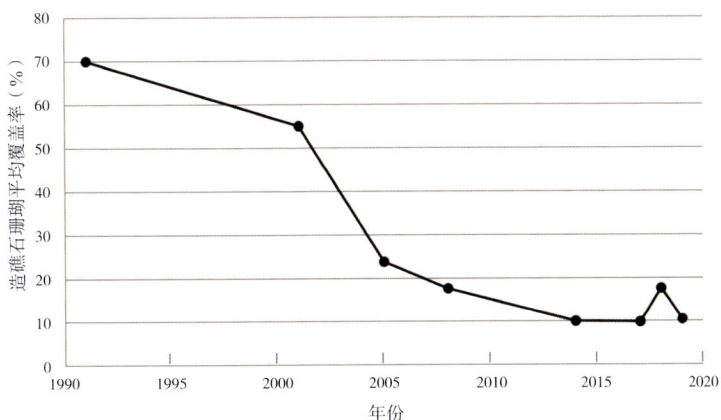

图 3　涠洲岛造礁石珊瑚覆盖率历年变化

2017 年广西红树林研究中心调查发现，涠洲岛珊瑚礁平均覆盖率以北部沿岸部分的断面最高，东北部、西北部、西南部沿岸浅海次之，见表 2。

表 2　2017 年涠洲岛各海域珊瑚礁覆盖率

所处位置	区域覆盖率 / %	平均覆盖率 / %
南湾东岸浅海	4.5	
西南部沿岸浅海	7.9	
西北部沿岸浅海	11.8	
北部沿岸海域	13.9	10.1
东北部沿岸浅海	13.1	
东南部沿岸浅海	8.9	

将各调查站位的覆盖率数据进行插值计算后可得到涠洲岛珊瑚礁覆盖率分布图，见图 4，可以看出珊瑚礁主要分布在涠洲岛北部、东部和西南部海域。

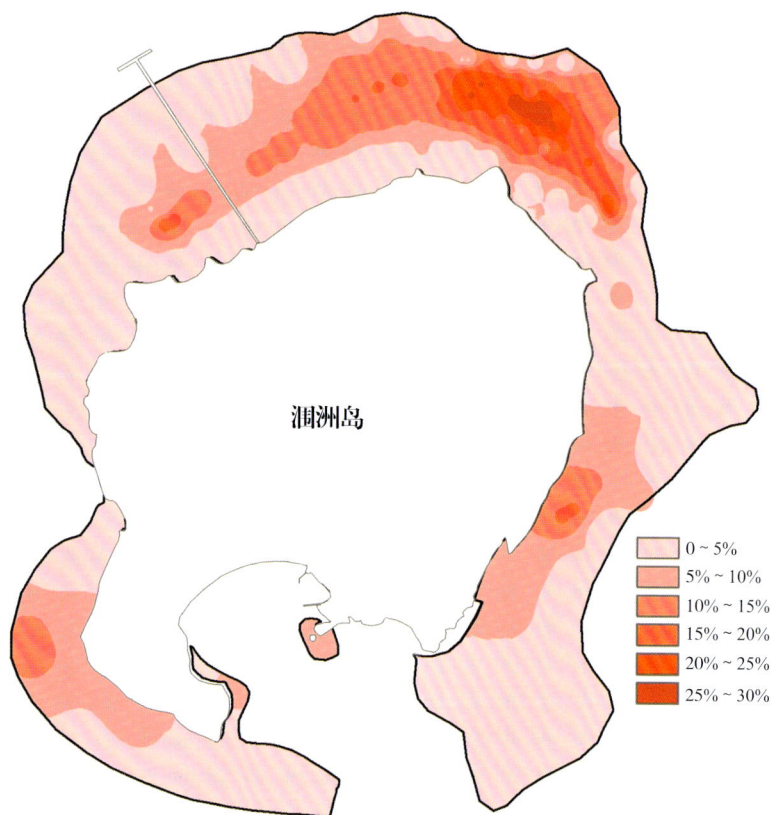

图4　涠洲岛珊瑚礁覆盖率分布情况

涠洲岛珊瑚礁发育历史

涠洲岛是我国最大的第四纪火山岛,形成于第四纪初,成型于湖光岩组火山岩喷发时期。涠洲岛坐落于雷琼地陷的突起位置。在喜马拉雅期喜马拉雅山运动的影响下,涠洲岛出现了地块下沉、海侵、海岛地壳隆起和海底火山喷发等地质现象,导致地壳快速升降的运动数次出现,最终在涠洲岛的东边和北边的沿岸发生了沉积。在长期的地质作用下,涠洲岛演变形成了以海蚀地貌、海积地貌、珊瑚礁地貌和火山遗迹地貌为主的地貌类型。

涠洲岛全新世珊瑚岸礁发育演变过程见图5,可分为四个阶段:早全新世时期(12000~8000 a B.P.),涠洲岛全岛为火山碎屑岩台地;中全新世早期(8000~4000 a B.P.),造礁珊瑚生物首先在涠洲岛北部的苏牛角坑－北港－后背塘沿岸生长发育,并形成珊瑚岸礁及沙坝－潟湖沉积体的雏形;中全新世晚期(4000~2000 a B.P.),西北部西角和东部下牛栏沿岸开始发育形成珊瑚岸礁,并形成沙坝－潟湖沉积体;晚全新世时期(2000~900 a B.P.),珊瑚生长开展了新一轮繁殖发育期,分布范围在中全新世晚期的基础上进一步扩大,并在东北面横岭、公山背、西南竹蔗寮、滴水村沿岸开始广泛发育形成珊瑚岸礁。

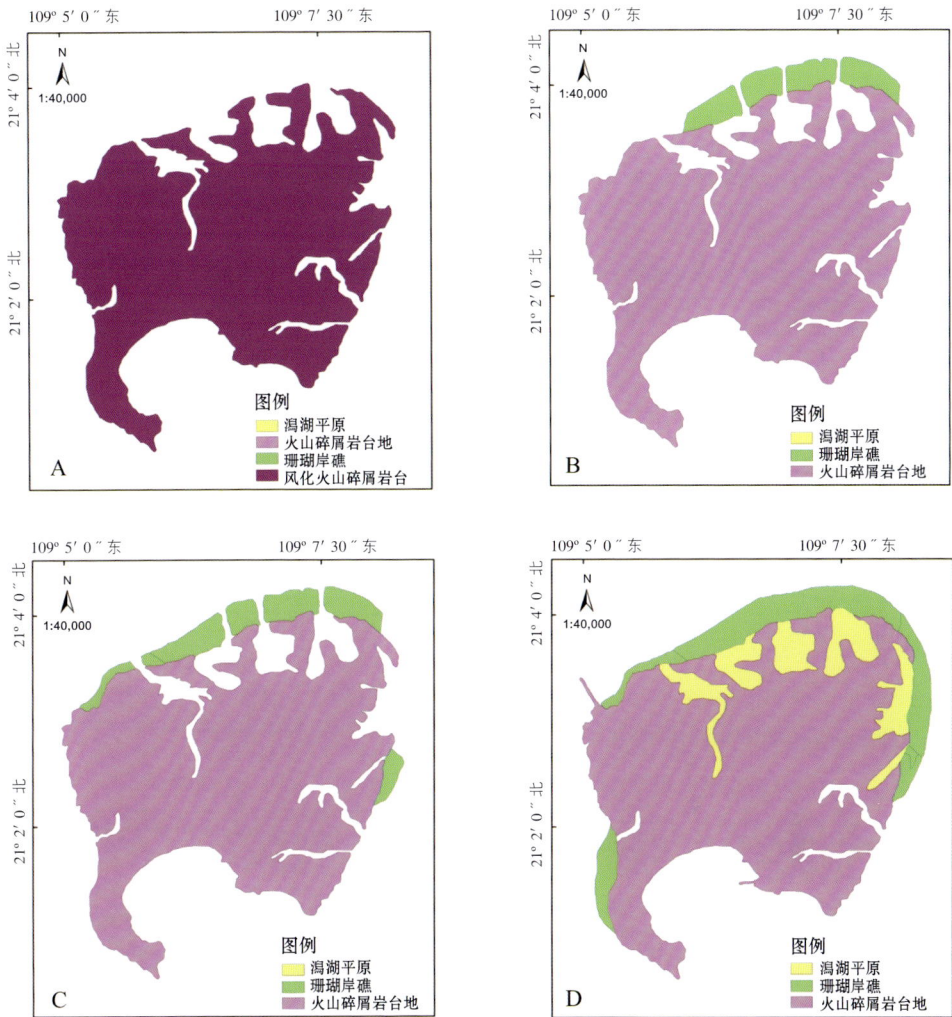

图 5　涠洲岛珊瑚岸礁全新世岸礁发育演变过程

A 为早全新世时期，该时期涠洲岛全岛为火山碎屑岩台地，地表形成了火山风化红土层，为珊瑚附着提供基底；B 为中全新世早期，该时期涠洲岛北面苏牛角坑 – 北港 – 后背塘沿岸被珊瑚附着，并形成珊瑚岸礁及沙坝 – 潟湖沉积体的雏形；C 为中全新世晚期，该时期涠洲岛西北面西角和东面下牛栏沿岸开始发育形成珊瑚岸礁，并形成沙坝 – 潟湖沉积体雏形；D 为晚全新世时期，该时期涠洲岛珊瑚开始了新一轮繁殖发育期，分布范围在中全新世晚期的基础上进一步扩大，并在东北面横岭 – 公山背、西南竹蔗寮 – 滴水村沿岸开始广泛发育形成珊瑚礁。

1. 早全新世时期

全新世时期，涠洲岛成型后，整个岛屿都处于风化剥蚀阶段，火山原始地形被破坏，逐步演化为火山碎屑岩台地，地表出现了火山风化红土层。这些被风化的火山碎屑岩台地，为涠洲岛珊瑚礁的发育提供了坚硬的底质基础。

2. 中全新世时期

自 8000 a B.P. 起，全球气候转暖，该时期被称为大西洋期。此时海面迅速上升，北面湾一带发生普遍性的大规模海侵，环涠洲岛一带的气候和水温均适宜珊瑚生长、附着和发育，并且有火山碎屑岩作为珊瑚附着的基质，珊瑚开始迅速地在岩礁上生长和发育。此时，海水进入涠洲岛的北面和东面，浸没该区域的低洼地，最终形成当时的潟湖。全新世珊瑚礁的发育过程可分为垂直发育阶段和侧向加积阶段。8000 ～ 6000 a B.P.，涠洲岛珊瑚礁的垂直发育较为活跃。

2.1 中全新世早期

中全新世气候温暖，温度适宜。至中全新世早期，海平面上升速度减缓，海况逐步稳定，此时造礁珊瑚和其他造礁生物在适宜环境下附着于涠洲岛的北面苏牛角坑 - 北港 - 后背塘沿岸，发育形成珊瑚岸礁及沙坝 - 潟湖沉积体雏形。据蒙塔吉奥尼·L.F.（Montaggioni LF）对全球范围内珊瑚礁的调查结果显示，其起始发育时间均在 8300 ～ 7000 a B.P.，即中全新世早期；据覃业曼等对 57 个钻孔、54 座珊瑚礁的调查结果，其中约 65% 的珊瑚礁的起始发育时间在 7000 ～ 9000 年前；因此可以推测涠洲岛珊瑚礁初始发育时间为中全新世早期。

2.2 中全新世晚期

中全新世晚期，珊瑚等生物碎屑在风浪的作用下，在涠洲岛北面堆积形成了同时具有珊瑚生物碎屑海滩岩（岸礁）和松散珊瑚生物碎屑砂砾层的海滩 - 沙堤。该阶段珊瑚礁较发育，分布范围扩大。在涠洲岛的西北、东岸、北岸均有该期岸礁形成，并形成了沙坝 - 潟湖沉积体。珊瑚礁则从北面开始扩散至涠洲岛的西北和东岸。

3. 晚全新世时期

晚全新世早期，涠洲岛珊瑚开始了新一轮的繁殖发育期，其分布范围在中全新世晚期的基础上进一步扩大，并在东北面（横岭和公山背一带）、西南（竹蔗寮和滴水村一带）沿岸发育形成珊瑚礁。晚全新世涠洲岛开始发生缓慢海退，并逐渐稳定在与现今海平面相当的位置，潟湖通道缩小或封闭，形成潟湖平原；随着岸礁的发育扩张，沙坝也随之扩大，沙坝与陆域火山碎屑台地岬角连接；珊瑚礁逐渐发育成熟，形成了现代珊瑚礁的形态。

4. 涠洲岛全新世珊瑚岸礁发育期与我国其他地区全新世珊瑚岸礁发育期比较

在我国南海诸岛、海南岛、雷州半岛、涠洲岛和台湾岛等珊瑚礁分布区中，涠洲岛 - 雷州

半岛南岸 - 东沙群岛 - 台湾岛南岸是我国现今珊瑚礁分布的北界。台湾岛珊瑚岸礁、涠洲岛珊瑚礁（苏牛角坑）、海南岛珊瑚礁（西帽岛）、海南岛鹿回头珊瑚岸礁、雷州半岛徐闻西岸灯楼角珊瑚礁、雷州半岛灯楼角礁坪、台湾南部恒春半岛珊瑚岸礁、南海西沙珊瑚礁（金银岛）、南海诸岛珊瑚礁（永暑礁1井）的发育起始时间均为中全新世时期。6700 ~ 7200 cal.a BP是全新世的最高海平面时期，在 7000 a B.P. 的全新世大暖期时涠洲岛的现代珊瑚礁的地貌格局基本形成了。温暖的气候有助于珊瑚礁的发育，同时，稳定的海平面、海水温度和盐度等环境因子也非常适合造礁珊瑚的生长，因此这些珊瑚礁的起始发育时间表现出了一致性。

涠洲岛珊瑚礁隐居动物

珊瑚礁群落的物种多样性极高，可分为三类：①鱼类；②固着、附着或栖息生长于海底的生物（硬珊瑚和软珊瑚、海绵、珊瑚藻和海藻等），它们构成了珊瑚礁复杂的结构；③隐居生物，包括在基底钻孔生活的生物（主要有海绵、多毛类、星虫类、双壳类），生活在由生物腐蚀所形成空隙表面的固着生物（例如海鞘、海绵、被囊动物、多毛类等）和运动型生物（例如多毛类、星虫类、棘皮类、软体类、甲壳类和鱼类）。

珊瑚礁隐居动物多藏身于珊瑚礁结构内的隐匿空隙，比如珊瑚枝的缝隙、裂隙之间，以及珊瑚礁底质的砾石、碎屑中，甚至是其他底栖生物形成的间隙等。隐居动物门类多样，几乎涵盖除哺乳动物外所有海洋动物门类，多样性异常丰富，是珊瑚礁生物多样性的构成主体。在已知的珊瑚礁物种中，91% 是与珊瑚礁相关联的隐居动物，它们多为小型生物。其中，大部分软体动物的大小范围为 1.9 ~ 4.1 mm。

在错综复杂的珊瑚礁营养网络中，珊瑚礁隐居动物是关键的组成部分，它们以浮游生物、碎屑和珊瑚黏液等为食；而它们本身又是许多礁区鱼类的主要食物来源，如鳂、隆头鱼、鳞鲀、鲷、石斑鱼等。

珊瑚礁隐居动物数量庞大且作用非凡，但它们在珊瑚礁传统研究过程中却常常被忽视。珊瑚礁隐居动物，堪比热带雨林中的昆虫，是珊瑚礁多细胞动物多样性的构成主体，是生物量的主要组成部分，也是营养链条中的重要环节，在行使生态功能方面发挥着关键作用。

记录表明，珊瑚礁隐居动物中甲壳类动物密度可达 5200 个 /m²，软体动物密度达 570 个 /m²，栖息在珊瑚礁石底质中的隐居多毛类个体数量可高达 127900 个 /m²，生物量达 93.4 g DW/m²。隐居动物的高生物量在一定程度上由高效的营养摄取和循环所维持，固着的悬浮食性隐居动物所摄取的食物约占珊瑚礁总代谢的 22%；植物食性的隐居动物还能通过高效地摄食藻类，将初级生产力转化进多细胞生物食物网中，同时减少活珊瑚株上的藻类增生；碎屑食性的隐居动物是珊瑚黏液和鱼类粪便的重要消费者，它们能将有机副产物和腐烂物质加以循环利用使其回到珊瑚礁食物网中；动物食性的隐居动物，包括鱼类、软体动物、环节动物、节肢动物和其他无数的多细胞动物类别，它们能够通过摄食上述其他隐居动物，将生物量转化为更高的营养级别。

珊瑚礁隐居动物根据其运动与否，分为运动型隐居动物和定栖型隐居动物。运动型隐居动物栖息在海底的基底表面，被哈钦斯·P（Hutchings P）归为机会主义种类，迥异于蛀入礁石内生活的类型。运动型隐居动物善于利用死珊瑚礁所形成的乱石空间以及石生藻类群落间的空隙。运动型隐居动物的群落类群复杂，主要有腹足类、多毛类，以及诸如端足类、桡足类、原足类、等足类的小型甲壳类。定栖型隐居动物是固着和结壳隐居生活在珊瑚礁中的生物类群，如海鞘、苔藓虫、刺胞生物、有孔虫、海绵、软体动物、被囊动物等，栖息密度和多样性均处于较高水平。

珊瑚礁是生物多样性高且在不断变化发展的生态系统，这一特征表现在生物生长所致的礁体增生和活珊瑚解体为死珊瑚、砾石和沙粒引起的结构瓦解的过程中。由于活珊瑚生态地位强势，隐居动物几乎不生活于活珊瑚中，只出现在死珊瑚、珊瑚腐蚀瓦解形成的砾石、沙粒之中，以及活珊瑚基部的死亡部分。

在珊瑚的自然演替过程中，生物、化学和机械过程均会造成珊瑚架构的瓦解和破碎，形成死珊瑚断枝和碎块沉积。碎块中的每一块砾石都是独一无二的，其大小不一、形状各异、密度不同、糙度有别。众多砾石堆积就会形成砾石床。砾石床看上去其貌不扬，似乎是不毛之地，却塑造了珊瑚礁中多种多样的复杂又隐匿的微生境，使得种类繁多的隐居动物容身其中。死珊瑚越结实且表面积越大，隐居动物的生物量就越高。珊瑚礁砾石的形成，创造了有利于隐居动物的生存空间，从而容纳多种多样且数量庞大的隐居动物；而大量的隐居生物则能通过其生物腐蚀作用瓦解珊瑚，促进珊瑚礁砾石形成，两者相辅相成。另外，生活于砾石中的隐居动物还能将砾石胶结整固在一起，从而形成有利于珊瑚补充的生境，促进珊瑚的恢复和演替。即使是在不同的地质年代中，珊瑚的生长与礁石架构胶结都保持着动态平衡，即稳态；砾石的形成对这一稳态的维持有所贡献，而隐居动物在此动态过程中作用巨大。

将隐居动物从珊瑚礁海底样品中分离并计数较耗时费劲。目前，从珊瑚碳酸钙结构中分离隐居动物的常用方法有如下几种：①破碎法，即小心捣碎珊瑚以分离多毛类和其他隐居动物的方法；②窒息法，即将刚取得的珊瑚礁样品放入缺氧海水中，逼迫运动型隐居动物从礁石中钻出的方法；③淡水法，即将珊瑚礁样品放入淡水中几个小时，逼出隐居动物的方法。以上方法过程冗长且不能完全量化，而且只有运动型隐居动物才会从所隐居的缝隙中被逼出。为克服以上方法的弱点，酸解法应运而生。

2022 年，广西红树林研究中心采用自主珊瑚礁监测结构（Autonomous Reef Monitoring Structures, ARMS）采集珊瑚礁隐居动物，方法是使用 9 块 23 cm×23 cm 的灰色 I 型 PVC 板组成的三维结构，模仿复杂的珊瑚礁结构的隐匿空间，放置于珊瑚礁海底三年后取回，分析其中的隐居动物。调查共分析鉴定出隐居生物 165 种，隶属于 9 门 13 纲 33 目 74 科 120 属。其中，软体动物门、环节动物门和节肢动物门的隐居动物种类数较多，分别为 53 种、51 种和 44 种。本书中收录了 93 种形态较为完整的隐居生物，隶属于 7 门 9 纲 24 目 52 科 78 属。

涠洲岛海洋生物分类系统

根据当前世界和我国海洋生物分类及生态研究中普遍使用的生物名称和分类系统，参照《中国海洋生物种类与分布》《中国海洋生物图集》，本图鉴采用生物六界分类系统，如下：

Ⅰ. 原核生物超界 Dumain Prokaryota Dougherty 1957

    1. 细菌界 Kingdom Bacteria Cavalier Smitb 1983

Ⅱ. 真核生物超界 Domain Fukaryota Dougherly 1957

    2. 原生动物界 Kingdom Protozoa Goldfuss 1818

    3. 色素界 Kingdom Chromista Cavalier-Smith 1981

    4. 真菌界 Kingdom Fungi Linnaeus 1753

    5. 植物界 Kingdom Plantae Hacckel 1866

    6. 动物界 Kingdom Animalia Linnacus 1758

本图鉴记录的涠洲岛珊瑚礁栖生物主要包括色素界、植物界和动物界，共 14 门 263 科 466 属 646 种，见表 3。并附上 1994 年和 2007 年的中国珊瑚礁栖生物种数表，见表 4。

表 3 涠洲岛珊瑚礁栖生物种数

珊瑚礁栖生物分类	涠洲岛 2023 年珊瑚礁栖生物种数	珊瑚礁栖生物分类	涠洲岛 2023 年珊瑚礁栖生物种数
一、色素界	6	11. 软体动物门	248
1. 定鞭藻门	1	多板纲	3
2. 褐藻门	5	腹足纲	137
二、植物界	19	双壳纲	103
3. 红藻门	6	头足纲	5
4. 绿藻门	7	12. 节肢动物门	118
5. 被子植物门	1	鞘甲纲	8
三、动物界	626	软甲纲	110
6. 多孔动物门	9	13. 棘皮动物门	15
7. 刺胞动物门	125	海百合纲	2
钵水母纲	4	海星纲	2
黑角珊瑚纲	2	蛇尾纲	5
六放珊瑚纲	84	海参纲	3
八放珊瑚纲	32	海胆纲	3
水螅虫纲	3	14. 脊索动物门	72
8. 扁形动物门	9	硬骨鱼纲	68
9. 星虫动物门	2	爬行纲	1
10. 环节动物门	28	哺乳纲	3
		总计	646

表 4　中国珊瑚礁栖生物种数

珊瑚礁栖生物分类	中国珊瑚礁栖生物种数		珊瑚礁栖生物分类	中国珊瑚礁栖生物种数	
	1994 年	2007 年		1994 年	2007 年
一、色素界	1566	1807	11. 软体动物门	2557	3914
1. 定鞭藻门	—	34	多板纲	39	47
2. 褐藻门	153	260	腹足纲	1583	2566
二、植物界	683	792	双壳纲	808	1132
3. 红藻门	443	569	头足纲	101	125
4. 绿藻门	194	163	12. 节肢动物门	—	—
5. 被子植物门	14	20	鞘甲纲	192	198
三、动物界	12608	16718	软甲纲	1949	3211
6. 多孔动物门	106	190	13. 棘皮动物门	474	588
7. 刺胞动物门	989	1422	海百合纲	38	44
钵水母纲	—	615	海星纲	89	84
黑角珊瑚纲	—	41	蛇尾纲	144	221
六放珊瑚纲	—	—	海参纲	101	146
八放珊瑚纲	—	328	海胆纲	102	93
水螅虫钢	—	—	14. 脊索动物门	3282	3532
8. 扁形动物门	—	—	硬骨鱼纲	—	2976
9. 星虫动物门	—	—	爬行纲	23	24
10. 环节动物门	910	1065	哺乳纲	39	41
			总计	—	—

第二章

造礁石珊瑚

认识石珊瑚的基本形态

石珊瑚目均属于六放珊瑚纲，其识别特征为珊瑚虫的触手数量（及肠腔分隔数量）为 6 或者 6 的倍数。六放珊瑚的触手形态见图 5。

图 5　六放珊瑚的触手形态

石珊瑚有单体型和群体型两种生活类型的形态，单体型珊瑚指单个珊瑚个体仅有一个珊瑚虫，而群体型珊瑚的珊瑚个体由多个珊瑚虫构成。石珊瑚的整体形态主要可分为七大类：团块状、表覆状（皮壳状）、分枝状、板叶状、柱状、叶状和游离状。

珊瑚虫所在且能收回触手的位置为珊瑚杯，珊瑚杯外围向上凸起的整体部位叫作鞘壁，鞘壁内凹的部位叫作口杯，珊瑚杯内凸起的片状骨骼称为隔片，而鞘壁外围向外凸起的片状骨骼叫作肋片，隔片内侧突出的片状骨骼叫作篱片。隔片延伸至珊瑚杯底部会交会于口杯中央，交会处称为轴柱。珊瑚杯与珊瑚杯之间向下延伸的骨骼叫作共骨。在其他细节的装饰形态中，齿突、疣突、结节状突起等较为常见。石珊瑚骨骼结构见图6。

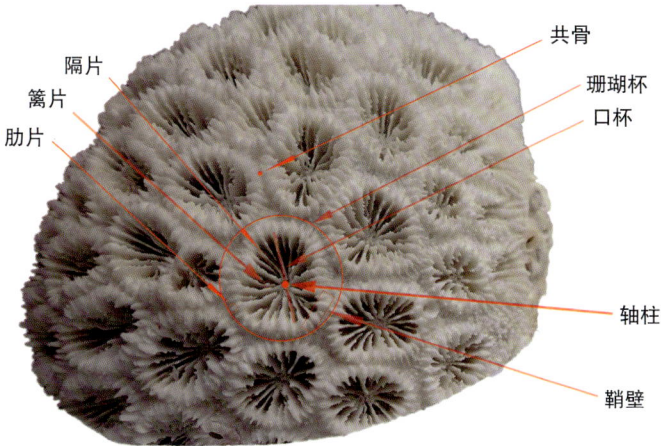

图 6 石珊瑚骨骼结构

在造礁石珊瑚骨骼特征识别中，隔片的排列形式与触手数量相关，通常6只隔片为1组。隔片的组数有种间差异，范围为1～9组不等，通常1～4组较为常见。初生隔片（S1）指的是所有隔片中长度最长或厚度最厚的隔片，次生隔片（S2）与第3组隔片（S3）的长度和厚度依次减小。六放珊瑚骨骼隔片的排列形式（参考《台湾珊瑚全图鉴》）见图7。

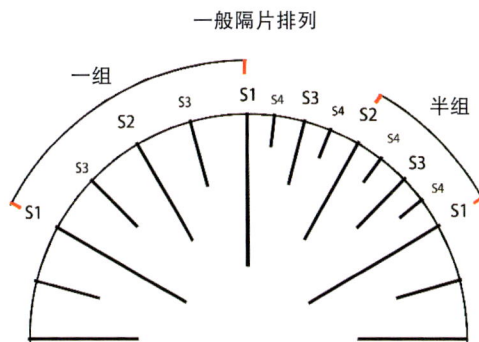

图 7 六放珊瑚骨骼隔片排列形式

鹿角珊瑚科 Acroporidae

鹿角珊瑚科中的珊瑚种类数在石珊瑚目中占比最高，其中共包含鹿角珊瑚属 (*Acropora*)、蔷薇珊瑚属 (*Montipora*)、星孔珊瑚属 (*Astreopora*)、假鹿角珊瑚属 (*Anacropora*)、穴孔珊瑚属 (*Alveopora*)、同孔珊瑚属 (*Isopora*) 和 *Enigmopora* 等 7 个属。该科中的珊瑚均为群体造礁石珊瑚，且大部分为现存种。该科珊瑚形态多样，囊括了所有的已知造礁石珊瑚的形态。其中，星孔珊瑚属多为团块状，蔷薇珊瑚属多为叶状和皮壳状，其余以树丛状、桌状和指状等为主。鹿角珊瑚科的形态学分类的主要鉴定依据是珊瑚群体形态、分枝及珊瑚杯的形态和排列方式（参考《台湾珊瑚全图鉴》的分类方式）。鹿角珊瑚科珊瑚的轴珊瑚杯形态见图 8，珊瑚形态见图 9，其辐射珊瑚杯形态见图 10。

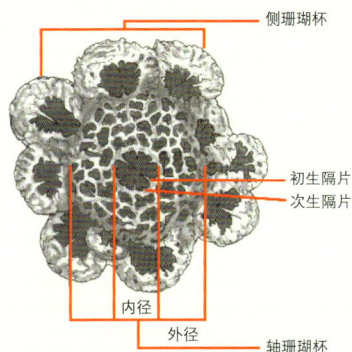

图 8　鹿角珊瑚轴珊瑚杯形态

该科中除星孔珊瑚属和穴孔珊瑚属以外，其余属的珊瑚杯均相对较小，其直径约为 1 mm；隔片 2 组或少于 2 组，轴柱发育不良，难以发现。此外，鹿角珊瑚科作为珊瑚礁生态系统中关键的珊瑚类群，常被用作指示珊瑚生态系统的生态健康状况。

本书中共记录了涠洲岛的鹿角珊瑚属珊瑚 7 种、蔷薇珊瑚属珊瑚 3 种、同孔珊瑚属珊瑚 1 种、星孔珊瑚属珊瑚 1 种和穴孔珊瑚属珊瑚 1 种。

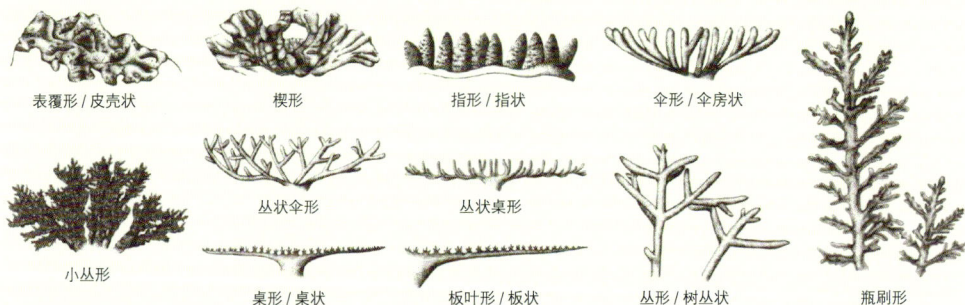

图 9　鹿角珊瑚科形态

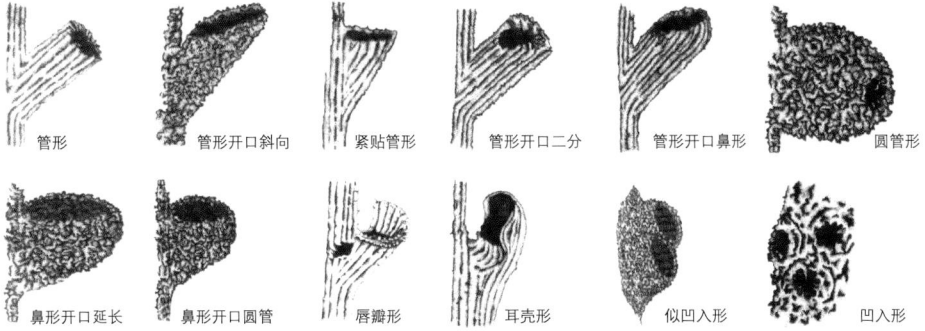

| 管形 | 管形开口斜向 | 紧贴管形 | 管形开口二分 | 管形开口鼻形 | 圆管形 |

| 鼻形开口延长 | 鼻形开口圆管 | 唇瓣形 | 耳壳形 | 似凹入形 | 凹入形 |

图 10　鹿角珊瑚辐射珊瑚杯形态

▶ 鹿角珊瑚属

群体多呈伞房状、树丛状、桌状和指状，偶见皮壳状；珊瑚杯包括轴珊瑚杯和辐射珊瑚杯（即侧珊瑚杯）两种形态，其中轴珊瑚杯较辐射珊瑚杯更为明显；隔片为2组，未见轴孔；杯壁和共骨呈多孔状；珊瑚虫触手多于夜间伸展。

该属珊瑚大多数具有轻质骨骼，生长速率较快，珊瑚杯以较为密集的杯形为特征，其直径为 2～3 mm，其突出高度也为 2～3 mm。该属珊瑚分枝末端多呈褐色、红褐色或黄褐色。

▶ 蔷薇珊瑚属

群体呈亚团块状、板叶状、叶状、皮壳状或分枝状；珊瑚杯较小，直径约为1 mm；隔片为2组，表面多刺或多细毛刺，无轴柱；珊瑚杯和共骨多孔，孔状结构有时极其细小。该属的形态学分类鉴定主要参考珊瑚杯及共骨形态（参考《台湾珊瑚全图鉴》的分类方式）。其形态（参考《台湾珊瑚全图鉴》）见图11。珊瑚虫触手仅于夜间伸展。珊瑚杯特征不明显，板叶状个体的板块两侧均有珊瑚杯。

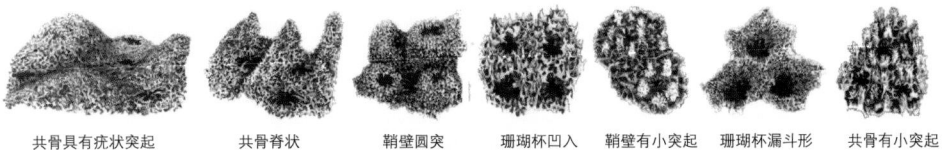

| 共骨具有疣状突起 | 共骨脊状 | 鞘壁圆突 | 珊瑚杯凹入 | 鞘壁有小突起 | 珊瑚杯漏斗形 | 共骨有小突起 |

图 11　蔷薇珊瑚属形态

▶ 同孔珊瑚属

同孔珊瑚属是鹿角珊瑚属的姐妹属，根据最新珊瑚分类系统与这两种珊瑚属的线粒体和核基因的系统发育分析证据，同孔珊瑚属现已从鹿角珊瑚属中剥离出来。同孔珊瑚属群体呈分枝状或皮壳状，多具有不止一个的轴珊瑚杯，辐射珊瑚杯分布密集、无规则。

▶ 星孔珊瑚属

群体多呈团块状；珊瑚杯突出形成锥形，部分浸埋，杯壁较厚，表面具明显刺状结构。

▶ 穴孔珊瑚属

群体多呈团块状。穴孔珊瑚属的珊瑚虫呈长管形，显著特征为其珊瑚虫有且仅有12只触手。

菌珊瑚科 Agariciidae

菌珊瑚科均为群体造礁石珊瑚。该科珊瑚主要呈团块状、板叶状或叶状。该科珊瑚杯浸没在隔片和肋片形成的壁中。隔片不融合，且在相邻的珊瑚杯中连续，具光滑或细锯齿状边缘，排列较为紧密。珊瑚虫触手较细，大部分仅在夜间伸展。该科包含西沙珊瑚属（*Coeloseris*）、加德纹珊瑚属（*Gardineroseris*）、薄层珊瑚属（*Leptoseris*）、牡丹珊瑚属（*Pavona*）、厚丝珊瑚属（*Pachyseris*）、菌珊瑚属（*Agaricia*）、*Dactylotrochus* 和 *Helioseris* 共 8 属。其中，厚丝珊瑚属在《世界海洋生物目录》（WoRMS）中被归入未定类群（未定科，Incertae sedis），本书基于已有的分类依据，参考最新珊瑚分类系统，仍将厚丝珊瑚属归于菌珊瑚科。

本书中记录了涠洲岛的牡丹珊瑚属珊瑚 2 种、西沙珊瑚属珊瑚 1 种。

▶ 牡丹珊瑚属

群体呈团块状、板叶状或叶状。珊瑚两面均布有珊瑚杯。珊瑚杯为凹入形，具轴柱，难以确认鞘壁结构，通过隔片、肋片相连接。涠洲岛的牡丹珊瑚的触手均只在夜间伸展。

▶ 西沙珊瑚属

群体呈团块状或皮壳状。珊瑚杯较密集，呈多角形，杯壁清晰，无轴柱。在最新分类系统中，该属为单种属，仅有西沙珊瑚（*Coeloseris mayeri*）1 种珊瑚。

木珊瑚科 Dendrophylliidae

木珊瑚科包含单体型和群体型两类，其中群体形态多样。该科的珊瑚杯鞘壁较厚，共骨粗糙或多孔，隔片呈褶叶形，轴柱为海绵状或不发育。该科包含 25 个属，其中仅有陀螺珊瑚属 (*Turbinaria*) 和杜沙珊瑚属 (*Duncanopsammia*) 为造礁石珊瑚。近年来，该科的分类变化较大，2020 年和 2021 年共新增 3 个非造礁石珊瑚属，且均为单种属。

本书中记录了涠洲岛的陀螺珊瑚属珊瑚 3 种。

▶ 陀螺珊瑚属

陀螺珊瑚属为群体珊瑚，群体呈平展板叶状，或形似漏斗又或是呈叶状。叶状个体常显卷曲态。珊瑚体之间通过共骨相连，有多孔合隔桁壁；轴柱发育好，轴柱较宽而骨骼紧密。除盾形陀螺珊瑚的触手在日间伸展外，其他均在夜间伸展。

真叶珊瑚科 Euphylliidae

真叶珊瑚科均为群体珊瑚，呈皮壳状、亚团块状或分枝状。珊瑚形态多样，珊瑚虫和触手形态各异，颜色鲜艳。该科包含 7 个属，分别为真叶珊瑚属 (*Euphyllia*)、纹叶珊瑚属 (*Fimbriaphyllia*)、盔形珊瑚属 (*Galaxea*)、单星珊瑚属 (*Simplastrea*)、*Montigyra*、*Ctenella* 和 *Gyrosmilia*。其中盔形珊瑚属和单星珊瑚属为造礁石珊瑚。

本书中记录了涠洲岛的盔形珊瑚属珊瑚 2 种。

▶ 盔形珊瑚属

盔形珊瑚属为群体造礁石珊瑚，团块状、皮壳状、柱状、分枝状或不规则状。珊瑚杯呈筳形，杯壁较薄，轴柱发育不良或无轴柱，隔片突出；基部为泡状或刺状的非肋片共骨。珊瑚虫触手时于日间伸展。多发育于水质混浊的海域环境。

滨珊瑚科 Poritidae

　　滨珊瑚科均为群体造礁石珊瑚，包括滨珊瑚属 (*Porites*)、角孔珊瑚属 (*Goniopora*)、伯孔珊瑚属 (*Bernardpora*) 和柱孔珊瑚属 (*Stylaraea*) 4 个属。群体主要呈团块状、板叶状或分枝状。珊瑚杯大小不一，通常排列紧密，共骨较小或无共骨，杯壁和隔片多孔。其中，伯孔珊瑚属是新分类系统中增加的一个属，该属中的斯氏伯孔珊瑚 (*Bernardpora stutchburyi*)，原名斯氏角孔珊瑚，因其分子生物学结构特征与其他角孔珊瑚差别较大，故将其归入伯孔珊瑚属中。滨珊瑚科的珊瑚对环境的耐受性较强，能生于有较大干扰的水体之中。

　　本书中记录了涠洲岛的滨珊瑚属珊瑚 2 种、伯孔珊瑚属珊瑚 1 种、角孔珊瑚属珊瑚 5 种。

▶ 滨珊瑚属

　　群体呈皮壳状、团块状或分枝状；小型群体常见球形、半球形个体，大型群体（直径可超过 5 m）常会形成头盔形或圆顶形。珊瑚杯较小，直径一般小于 2 mm，呈多角形，排列密集；隔片发达。珊瑚虫触手于夜间伸展。

▶ 伯孔珊瑚属

　　群体呈皮壳状或亚团块状，表面光滑不规则。珊瑚杯较小，直径约 2 mm，呈多角形，也有圆形，排列较密。珊瑚虫触手较短，日间可见其伸展。

▶ 角孔珊瑚属

　　群体常呈柱状、团块状或皮壳状。珊瑚杯较厚，杯壁多孔，隔片较密，有轴柱。珊瑚虫触手较长，有 24 条，常于夜间伸展。

沙珊瑚科 Psammocoridae

　　本科中的吞蚀沙珊瑚（*Psammocora exesa*）和柱形沙珊瑚（*Psammocora columna*）原属于筛珊瑚科（Coscinaraeidae）的筛珊瑚属（*Coscinaraea*），但它们最初属于铁星珊瑚科中的筛珊瑚属，后因其系统发育分析的结果证明了原筛珊瑚属与铁星珊瑚科中其他珊瑚属存在遗传分化，故将筛珊瑚属提升为筛珊瑚科。2022 年 11 月之前，WoRMS 将这 2 种珊瑚归入了筛珊瑚科（Coscinaraeidae）中，之后又将这 2 种珊瑚重新并入了沙珊瑚科沙珊瑚属（*Psammocora*）中。该科珊瑚为群体型珊瑚，多呈团块状、皮壳状、柱状或指状。

本书记录了涠洲岛的沙珊瑚属珊瑚 2 种。

▶ 沙珊瑚属

群体呈团块状、皮壳状、柱状或指状，可生长成大型群体。珊瑚杯为单一多角形或多个珊瑚杯相连形成纹路（或沟），杯壁不明显。喜欢生活在较高纬度的海域。

石芝珊瑚科 Fungiidae

本科有梳石芝珊瑚属 (*Ctenactis*)、圆饼珊瑚属 (*Cycloseris*)、刺石芝珊瑚属 (*Danafumgia*)、石芝珊瑚属 (*Fugia*)、帽状珊瑚属 (*Halomitra*)、辐石芝珊瑚属 (*Heliofumgia*)、绕石珊瑚属 (*Herpolitha*)、石叶珊瑚属 (*Lithophyllon*)、叶芝珊瑚属 (*Lobactis*)、侧石芝珊瑚属 (*Pleuracti*)、多叶珊瑚属 (*Polyphyllia*)、足柄珊瑚属 (*Podabacia*)、履形珊瑚属 (*Sandalolitha*)、*Sinuorota*、*Cantharellus* 和 *Zoopilus* 共 16 个属。

石芝珊瑚科包含单体型和群体型两种，大多数营自由生活。单体珊瑚通过触手进行移动，而群体珊瑚如足柄珊瑚属营固着生活。本科的触手在石珊瑚整体中都是较大的。

本书中记录了涠洲岛的石叶珊瑚属珊瑚 1 种。

▶ 石叶珊瑚属

群体呈皮壳状、叶状或板叶状。其特征为隔片和肋片突出，且珊瑚骨骼为凹入的非多孔状，隔片呈稀疏的锯齿状，肋片为颗粒状突起或分叉状突起。

叶状珊瑚科 Lobophylliidae

叶状珊瑚科均为群体造礁石珊瑚，共同特征为珊瑚杯隔片上缘具较为锋利的齿状突起，珊瑚虫肉质结构较为肥厚，珊瑚杯较厚，轴柱发育良好。该科包含棘星珊瑚属 (*Acanthastrea*)、缺齿珊瑚属 (*Cynarina*)、刺叶珊瑚属 (*Echinophyllia*)、同叶珊瑚属 (*Homophyllia*)、叶状珊瑚属 (*Lobophyllia*)、小褶叶珊瑚属 (*Micromussa*)、尖孔珊瑚属 (*Oxypora*)、*Acanthophyllia*、*Australophyllia*、*Echinomorpha*、*Moseleya*、*Paraechinophyvllia* 和 *Sclerophyllia* 共 13 个属。

本书中记录了涠洲岛的刺叶珊瑚属 1 种、棘星珊瑚属 1 种、叶状珊瑚属 6 种。

▶ 刺叶珊瑚属

群体呈皮壳状、板叶状或叶状，皮壳状的珊瑚边缘较薄。珊瑚杯浸埋，呈管状，并向边缘略微倾斜；隔片多，可见轴柱；隔片和肋片上具刺齿。

▶ 棘星珊瑚属

群体呈皮壳状或团块状。珊瑚杯为多角形或融合形；隔片具齿，在珊瑚杯鞘壁位置加厚。珊瑚虫肉质组织肥厚。

▶ 叶状珊瑚属

群体呈团块状，边缘部分游离。珊瑚杯常见扇形–沟回形、笙形或沟回形；隔片较大，边缘具齿状结构，轴柱发育良好。

裸肋珊瑚科 Merulinidae

裸肋珊瑚科珊瑚均为群体造礁石珊瑚，不同属的群体形态和珊瑚杯的排列方式差异较大，同属的珊瑚杯骨骼结构具有一致性。该科为石珊瑚目中包含属数最多、种数次多的一类珊瑚科分类群，其中属包括圆星珊瑚属 (*Astrea*)、小笠原珊瑚属 (*Boninastrea*)、干星珊瑚属 (*Caulastraea*)、腔星珊瑚属 (*Coelastrea*)、刺星珊瑚属 (*Cyphastrea*)、盘星珊瑚属 (*Dipsastraea*)、刺孔珊瑚属 (*Echinopora*)、角蜂巢珊瑚属 (*Favites*)、菊花珊瑚属 (*Goniastrea*)、刺柄珊瑚属 (*Hydnophora*)、肠珊瑚属 (*Leptoria*)、裸肋珊瑚属 (*Merulina*)、斜花珊瑚属 (*Mycedium*)、耳纹珊瑚属 (*Oulophyllia*)、拟菊花珊瑚属 (*Paragoniastrea*)、拟圆菊珊瑚属 (*Paramontastraea*)、梳状珊瑚属 (*Pectina*)、囊叶珊瑚属 (*Physophyllia*)、扁脑珊瑚属 (*Platygyra*)、葶叶珊瑚属 (*Scapophyllia*)、粗叶珊瑚属 (*Trachyphyllia*)、*Australogyra*、*Orbicella* 和 *Erythrastrea*。

本书中记录了涠洲岛的裸肋珊瑚科 9 属 28 种，分别为扁脑珊瑚属 6 种、刺柄珊瑚属 1 种、刺孔珊瑚属 2 种、刺星珊瑚属 2 种、角蜂巢珊瑚属 7 种、菊花珊瑚属 3 种、裸肋珊瑚属 1 种、盘星珊瑚属 5 种、圆星珊瑚属 1 种。

▶ 扁脑珊瑚属

群体多呈团块状，少见皮壳状。珊瑚杯呈沟回形、亚沟回形或多角形，无围栅瓣。

▶ 刺柄珊瑚属

群体呈团块状或皮壳状，群体表面有连续的圆锥形的脊 (Conical collines)，也叫小丘 (Montic-ules 或 Hydnae)。

▶ 刺孔珊瑚属

群体常见皮壳状或卷曲叶状，偶见分枝状。珊瑚杯较大，且突出为融合形；隔片突出且不规则，轴柱发育较好，肋片仅出现在杯壁，共骨具突起颗粒结构。

▶ 刺星珊瑚属

群体呈团块状或皮壳状。珊瑚杯为融合形，直径较小，肋片仅出现在珊瑚杯鞘壁上，共骨具突起的颗粒结构。

▶ 角蜂巢珊瑚属

群体呈团块状或皮壳状。珊瑚杯为多角形，相邻珊瑚杯共壁，无围栅瓣。

▶ 菊花珊瑚属

群体呈团块状或皮壳状。珊瑚杯为多角形或亚沟回形，隔片具齿且细密规则，围栅瓣发育明显。

▶ 裸肋珊瑚属

群体呈板状或卷曲薄叶状，表面常见卷曲或不规则块状结构，谷长而微弯，有分叉结构，隔片边缘具粗大齿状结构。

▶ 盘星珊瑚属

群体呈团块状或皮壳状。珊瑚杯为融合形，略突出，珊瑚杯之间有沟槽。

▶ 圆星珊瑚属

群体呈团块状。珊瑚杯为正圆形或近似正圆形，部分呈融合形排列模式，隔片和肋片规则排列。

同星珊瑚科 Plesiastreidae

同星珊瑚科为单属单种的珊瑚类群，即为同星珊瑚属（*Plesiastrea*）多孔同星珊瑚（*Plesiastrea versipora*）。同星珊瑚科与双星珊瑚科（Diploastraeidae）相似，之前均归属为蜂巢珊瑚科，随着分子系统发育及分类研究的不断深入，并结合分子亲缘研究的结果，该属的分类水平已被提升为独立的科，即同星珊瑚科。

本书中记录了涠洲岛的同星珊瑚属 1 种。

▶ 同星珊瑚属

群体呈团块状或皮壳状。珊瑚杯较圆，为融合形或亚多角形，围栅瓣明显可见。

小星珊瑚科 Leptastreiade

小星珊瑚属（*Leptastrea*）原属于未定类群（未定科，Incertae sedis），随着珊瑚分类的研究不断深入和细化，WoRMS 于 2022 年 5 月将小星珊瑚属单独提出来，并升级为小星珊瑚科。而由于小星珊瑚属的分子亲缘关系与石芝珊瑚科较为接近，该属在台湾地区被归为石芝珊瑚科。

本书中仅记录了涠洲岛的小星珊瑚属 2 种。

▶ 小星珊瑚属

群体呈皮壳状或团块状。珊瑚杯呈多边形或亚融合形，珊瑚杯之间具有较窄且浅的沟槽；肋片止于沟槽或无肋片，共骨致密；具乳突状轴柱。

鹿角珊瑚科

鹿角珊瑚属 *Acropora*

单独鹿角珊瑚 (VU 易危)

Acropora solitaryensis Veron & Wallace, 1984　　　　　　　　　　　　别名：单独轴孔珊瑚

分　布：广泛分布于印度 – 太平洋珊瑚礁海区

相似种：板叶鹿角珊瑚 *Acropora glauca* (Brook, 1893)

特　征：辐射珊瑚杯呈鼻形。

形　态：珊瑚群体呈延展的桌状或板叶状，由密实的不规则小分枝组成。分枝长可达 5 cm，直径为
5 ～ 15 mm。轴珊瑚杯呈圆管形，外周直径为 1.6 ～ 3.4 mm，内径约为外径的 1/3；辐射珊瑚杯
呈鼻形，大小均匀，排列规则，具 2 组隔片。珊瑚杯壁和共骨呈网状，表面具细棘。生活群体
多呈棕绿色或黄褐色，触手略带浅绿色。

5 cm

鹿角珊瑚科

鹿角珊瑚属 *Acropora*

多孔鹿角珊瑚（NT 近危）

别名：多孔轴孔珊瑚

Acropora millepora (Ehrenberg, 1834)

曾用名：匍匐鹿角珊瑚 *Acropora prostrata*

分　布：广泛分布于印度 – 太平洋珊瑚礁海区

相似种：风信子鹿角珊瑚 *Acropora hyacinthus* (Dana, 1846)

特　征：辐射珊瑚杯开口与轴珊瑚杯夹角为 45° ～ 90°。

形　态：珊瑚群体呈伞房状或桌状。珊瑚边缘的分枝细长，中间分枝相对短小，分枝的直径为 3 ～ 8 mm。轴珊瑚杯呈圆柱形，内径为 1.5 ～ 3 mm，外径为 3 ～ 5 mm；侧珊瑚杯多呈唇瓣形，偶有管形，唇瓣开口较大，与轴珊瑚杯夹角大于 45°。初生隔片较明显，次生隔片发育不全，或有少数小刺。触手较短，伸展和收缩时差别不明显，且仅在珊瑚杯附近伸缩活动。生活群体多呈浅黄褐色。

10 cm

鹿角珊瑚科

鹿角珊瑚属 *Acropora*

风信子鹿角珊瑚（NT 近危）

Acropora hyacinthus (Dana, 1846)　　　　　　　　　　　　　　　　　别名：桌形轴孔珊瑚

分　　布：广泛分布于印度 – 太平洋珊瑚礁海区

相似种：多孔鹿角珊瑚 *Acropora millepora* (Ehrenberg, 1834)

特　　征：辐射珊瑚杯与轴珊瑚杯夹角小于 45°。

形　　态：珊瑚群体呈桌状、板状或伞房状。水平分枝常融合形成基底；向上分枝的形态多变，整体相
　　　　　对较短，分布均匀且密集；也存在瓶刷状分枝个体。轴珊瑚杯有一或多个，呈圆柱形，外径约
　　　　　为 2 mm，内径约为 1 mm；辐射珊瑚杯呈管形或唇瓣形，开口与轴珊瑚杯的夹角小于 45°。生
　　　　　活群体多呈褐色或黄褐色，水平边缘分枝呈白色。

鹿角珊瑚科

鹿角珊瑚属 *Acropora*

佳丽鹿角珊瑚（LC 无危）

Acropora pulchra (Brook, 1891)　　　　　　　　　　　　　　　　别名：叉枝轴孔珊瑚

分　布： 广泛分布于印度 – 太平洋珊瑚礁海区

相似种： 美丽鹿角珊瑚 *Acropora muricata* (Linnaeus, 1758)

特　征： 辐射珊瑚杯有大小二型。

形　态： 珊瑚群体呈丛生分枝状，由不规则分枝构成，群体形态多变。轴珊瑚杯呈圆管形，外径为 2.0 ~ 3.5 mm，内径为 0.6 ~ 1.2 mm，具 2 组隔片；辐射珊瑚杯有大小二型。珊瑚杯壁和共骨呈网状，具稀疏的细棘。生活群体多呈黄褐色。

1 cm

鹿角珊瑚科

鹿角珊瑚属 *Acropora*

隆起鹿角珊瑚（DD 数据缺乏）

Acropora tumida (Verrill, 1866)

别名：隆起轴孔珊瑚

分　布：广泛分布于印度－太平洋珊瑚礁海区

相似种：杨氏鹿角珊瑚 *Acropora yongei* (Veron & Wallace, 1984)

特　征：辐射珊瑚杯呈短管状，在分枝上端的开口呈圆形，分枝基部呈鼻形。

形　态：珊瑚群体呈不规则分枝状，具皮壳状基底。分枝呈圆柱形，顶端稍尖，长可达 20 cm，直径为 10 ~ 15 cm。轴珊瑚杯呈圆管状，外径为 2.0 ~ 2.7 mm，内径为 0.5 ~ 1.0 mm，具 2 组隔片；辐射珊瑚杯呈短管状，在分枝上端开口为圆形，分枝基部为鼻形。珊瑚杯壁和共骨呈网状，具细棘。生活群体多呈黄褐色或褐绿色。

鹿角珊瑚科

鹿角珊瑚属 *Acropora*

美丽鹿角珊瑚（NT 近危）

别名：美丽轴孔珊瑚

Acropora muricata (Linnaeus, 1758)

曾用名：多棘鹿角珊瑚 *Acropora formosa*

分　　布：广泛分布于印度 – 太平洋珊瑚礁海区

相似种：佳丽鹿角珊瑚 *Acropora pulchra* (Brook, 1891)

特　　征：辐射珊瑚杯大小一致，呈管形开口斜向或管形开口鼻形。

形　　态：珊瑚群体呈树丛状，分枝较疏且不规则，直径在 20 mm 以内。个体间分枝形态差异较明显，呈丛形或小叶丛形，也存在瓶刷形个体。轴珊瑚杯呈圆柱形，杯体较小，外径约为 2 mm，内径约为 1 mm；辐射珊瑚杯呈管形开口斜向或管形开口鼻形，分布密集。中部及基底的珊瑚杯分布相对稀疏，共骨具小刺。触手相对较短，仅在珊瑚杯口附近活动。生活群体多呈褐色、红褐色，分枝顶端颜色相对较浅。

2 mm

鹿角珊瑚科

鹿角珊瑚属 *Acropora*

萨摩亚鹿角珊瑚（LC 无危）

Acropora samoensis (Brook, 1891)

曾用名：萨摩尔鹿角珊瑚

分　布： 广泛分布于印度 – 太平洋珊瑚礁海区

特　征： 辐射珊瑚杯呈大管状，开口呈圆形或卵圆形，大小不均。

形　态： 珊瑚群体呈簇生伞房状。分枝呈粗指状，末端稍细，直径为 10 ~ 15 cm。轴珊瑚杯呈管状，直径为 2.7 ~ 4.5 cm；辐射珊瑚杯呈大管状，开口为圆形或卵圆形，大小不均匀。珊瑚杯和共骨上具密集的侧扁小棘。生活群体多呈棕绿色。

鹿角珊瑚科

蔷薇珊瑚属 *Montipora*

膨胀蔷薇珊瑚（LC 无危）

Montipora turgescens Bernard, 1897

别名：膨胀表孔珊瑚

分　布：广泛分布于印度－太平洋珊瑚礁海区

相似种：浅窝蔷薇珊瑚 *Montipora foveolate* (Dana, 1846)

特　征：骨骼结构乳突不明显。

形　态：珊瑚群体呈皮壳状、团块状或柱状，表面有众多不规则或圆形突起。珊瑚杯孔呈凹入形，分布均匀，较为密集，其直径小于 1 mm；共骨呈网状，具小刺。生活群体多呈乳白色或浅褐色。

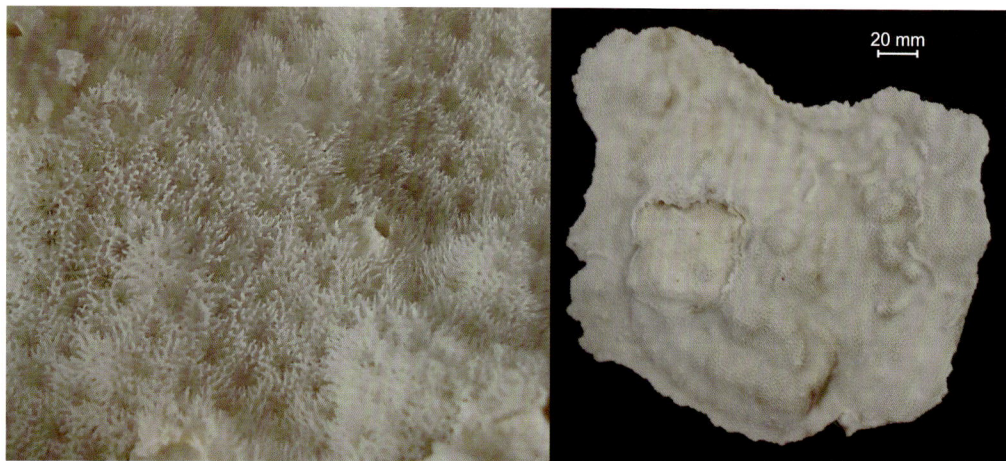

20 mm

鹿角珊瑚科

蔷薇珊瑚属 *Montipora*

翼形蔷薇珊瑚（NT 近危）

Montipora peltiformis Bernard, 1897   别名：翼形表孔珊瑚

分　布：广泛分布于印度－太平洋珊瑚礁海区

相似种：繁锦蔷薇珊瑚 *Montipora efflorescens* Bernard, 1897

特　征：珊瑚杯小，且在平坦表面向下凹陷，在突起表面向上凸起。

形　态：珊瑚群体呈团块状或皮壳状，表面有不规则结节突起，有时呈柱状。珊瑚杯小，直径约为
　　　　0.6 mm；在平坦表面向下凹陷，在突起表面向上凸起；其周边有不规则的杯壁乳突；共骨表面
　　　　有许多小乳突。生活群体多呈浅棕色。

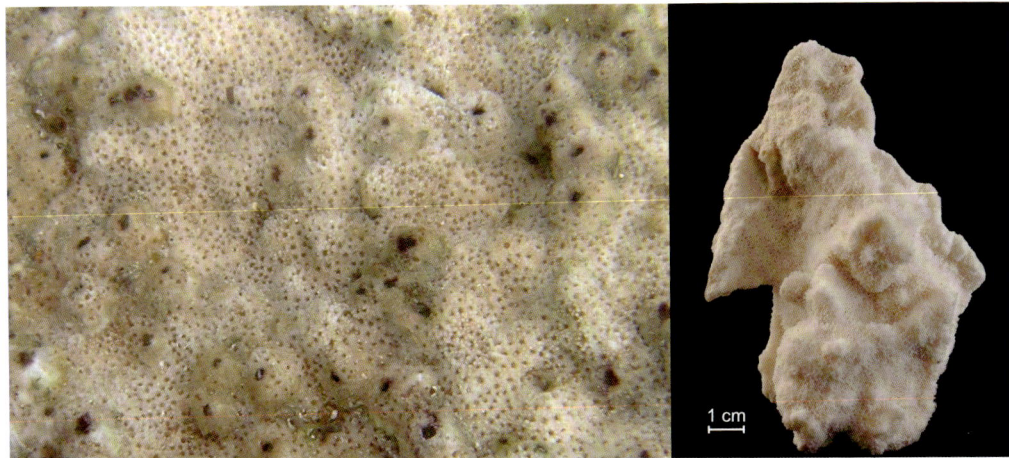

1 cm

鹿角珊瑚科

蔷薇珊瑚属 *Montipora*

鬃刺蔷薇珊瑚（LC 无危）

Montipora hispida (Dana, 1846)

别名：鬃刺表孔珊瑚

曾用名：*Montipora hirsuta*

分　布：广泛分布于印度－太平洋珊瑚礁海区

相似种：青灰蔷薇珊瑚 *Montipora grisea* Bernard, 1897

特　征：珊瑚杯凹入或凸起，凸起的珊瑚杯周围环绕有 4 ～ 8 个杯壁乳突。

形　态：珊瑚群体呈表覆形板状，表面有凸起或不规则柱状分枝。珊瑚杯凹入或凸起，直径为 0.6 ～ 0.7 cm。凸起的珊瑚杯周围环绕有 4 ～ 8 个杯壁乳突。共骨上的乳突小而分散。生活群体多呈黄绿色。

1 mm

鹿角珊瑚科

同孔珊瑚属 *Isopora*

松枝同孔珊瑚（VU 易危）

别名：钝枝同轴珊瑚

Isopora brueggemanni (Brook, 1893)　　曾用名：松枝鹿角珊瑚、伞房鹿角珊瑚 *Acropora brueggemanni*

分　布：广泛分布于印度－太平洋珊瑚礁海区

特　征：分枝上具有不止一个轴珊瑚杯。

形　态：珊瑚群体呈树丛状或伞房状，个体通常较大。分枝短而粗，直径在 20 mm 以内，末端有一个或多个轴珊瑚杯。轴珊瑚杯外径为 3 ~ 4 mm，内径约为 1 mm；辐射珊瑚杯呈斜口管形、圆形或鼻形开口管形，共骨具小刺。生活群体多呈褐色。

1 cm

鹿角珊瑚科

星孔珊瑚属 *Astreopora*

疣星孔珊瑚（LC 无危）

Astreopora gracilis Bernard, 1896

分　布：广泛分布于印度 – 太平洋珊瑚礁海区

相似种：多星孔珊瑚 *Astreopora myriophthalma* (Lamarck, 1816)

特　征：共骨上布满短小的棘，末端结构复杂精细。

形　态：珊瑚群体呈团块状或半球状。珊瑚杯在表面，呈短管状，浸埋或突起，大小和排列均不规则。珊瑚杯口呈圆形，直径为 1.4 ~ 1.8 mm；共骨上布满短小的刺，末端结构复杂精细。生活群体多呈黄棕色。

5 mm

鹿角珊瑚科

穴孔珊瑚属 *Alveopora*

海绵穴孔珊瑚（NT 近危）

Alveopora spongiosa Dana, 1846

别名：**海绵汽孔珊瑚**

分　布：广泛分布于印度－太平洋珊瑚礁海区

相似种：郑和穴孔珊瑚 *Alveopora tizardi* Bassett-Smith, 1890

特　征：触手膨大呈结节状。

形　态：珊瑚群体呈厚板状或亚团块状，表面多不规则。珊瑚杯呈圆形或多边形，直径为 1.9 ~ 2.6 cm，杯壁多孔，隔片多退化。生活群体多呈灰棕色。

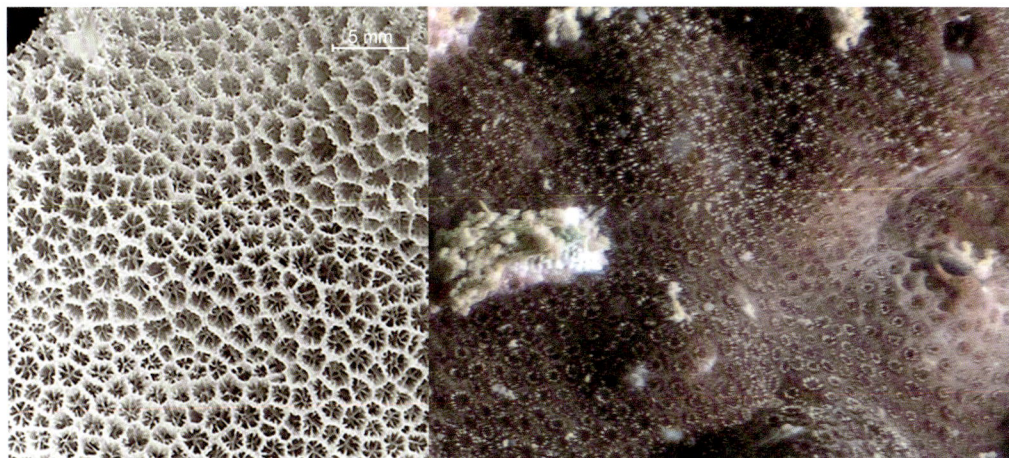

菌珊瑚科

牡丹珊瑚属 *Pavona*

厚板牡丹珊瑚（LC 无危）

Pavona duerdeni Vaughan, 1907

别名：钝柱雀屏珊瑚

分　布：广泛分布于印度－太平洋珊瑚礁海区

相似种：柱形牡丹珊瑚 *Pavona clavus* (Dana, 1846)

特　征：珊瑚杯小，隔片突出。

形　态：珊瑚群体呈团块状，多分成不规则排列的块状或丘状，骨骼致密，常形成大型群体。珊瑚杯小而密集，直径为 3 ~ 4 mm，分布均匀。隔片和肋片共 2 组，明显交替排列。生活群体多呈棕黄色或褐色。

1 cm

菌珊瑚科

牡丹珊瑚属 *Pavona*

十字牡丹珊瑚（VU 易危）

别名：板叶雀屏珊瑚

Pavona decussata (Dana, 1846)

曾用名：*Pavona lata*

分　布： 广泛分布于印度－太平洋珊瑚礁海区

相似种： 叶形牡丹珊瑚 *Pavona frondifera* (Lamarck, 1816)

特　征： 不具龙骨突或龙骨突较矮。

形　态： 珊瑚群体呈板状叶片，叶片直立且相互交叉排列，板叶交汇处形成90°±5°的夹角，珊瑚基部可能愈合。板叶两面均分布有珊瑚杯，珊瑚杯呈凹入形，孔壁由隔片和肋片增厚而成，分界不明显；隔片和肋片共2组，以珊瑚杯为中心向外辐射，并与邻近珊瑚杯中的隔片、肋片相连。珊瑚杯分布间隔不一。具有细小的触手，仅在夜间伸展。生活群体多呈褐色或黄褐色。

菌珊瑚科

西沙珊瑚属 *Coeloseris*

西沙珊瑚（LC 无危）

Coeloseris mayeri Vaughan, 1918

分　布：广泛分布于印度 – 太平洋珊瑚礁海区

特　征：珊瑚杯深，多角形，共骨，鞘壁显示为多个小矩形。

形　态：珊瑚群体呈团块状或皮壳状，表面较光滑。珊瑚杯多呈角形且大小不一，直径为 2 ~ 6 mm；杯壁突出，孔内无轴柱；隔片和肋片相连，具隔片 3 或 4 组。生活群体多呈黄褐色或浅棕色，隔片边缘呈白色。

1 cm

木珊瑚科

陀螺珊瑚属 *Turbinaria*

盾形陀螺珊瑚（VU 易危）

Turbinaria peltata (Esper, 1794)

别名：盾形盘珊瑚、大圆盘珊瑚

分　布： 广泛分布于印度 – 太平洋珊瑚礁海区

相似种： 复叶陀螺珊瑚 *Turbinaria stellulata* (Lamarck, 1816)

特　征： 珊瑚杯大，边缘的珊瑚杯向外倾斜。多为板块状。

形　态： 珊瑚群体呈皮壳状、叶状、板叶状。叶状群体常形似盾牌或荷叶，通常有一短而厚的附着柄；群体表面凹凸不平，边缘有皱褶。珊瑚杯分布不规则，突出且倾斜，呈圆形凹入状，直径为 3 ~ 6 mm；鞘壁薄且高于周围，隔片清晰，排列整齐；轴柱位于珊瑚杯中心，被隔片包围，呈圆顶形，海绵状。白天常见触手伸出，触手较长，肉质，围着珊瑚杯包裹 2 ~ 4 层；触手收缩时，仅在珊瑚杯处看见突起和突起中心的孔。生活群体多呈绿色、褐色，触手为黄褐色。

10 cm

木珊瑚科

陀螺珊瑚属 *Turbinaria*

复叶陀螺珊瑚（LC 无危）

Turbinaria frondens (Dana, 1846)

别名：叶形盘珊瑚

曾用名：*Turbinaria contorta*、*Turbinaria foliosa*

分　布：广泛分布于印度 – 太平洋珊瑚礁海区

相似种：皱折陀螺珊瑚 *Turbinaria mesenterina* (Lamarck, 1816)

特　征：珊瑚杯平均直径较大，分布较分散。

形　态：珊瑚群体呈板叶状或复叶状，小型群体呈杯形或叶状。珊瑚杯突起，上窄下宽，常呈倾斜圆锥状，直径为 1 ~ 2 mm；具隔片 12 个，1 组，隔片均匀，上布小刺，轴柱略突起；珊瑚杯通常不相连，且珊瑚杯之间的距离疏密不等。生活群体多呈绿褐色或红褐色。

1 cm

木珊瑚科

陀螺珊瑚属 *Turbinaria*

皱折陀螺珊瑚（VU 易危）

别名：膜形盘珊瑚

Turbinaria mesenterina (Lamarck, 1816)

曾用名：*Turbinaria tubifera*

分　布： 广泛分布于印度 – 太平洋珊瑚礁海区

相似种： 复叶陀螺珊瑚 *Turbinaria frondens* (Dana, 1846)

特　征： 珊瑚杯直径较小，且分布较密集。

形　态： 珊瑚群体呈板叶状，边缘皱褶或卷曲成管状。珊瑚杯壁略突出，分布较密集，直径为 1.5 ~ 2 mm；具隔片 16 个；共骨多孔，倾向平行于杯壁。阳光充足时个体倾向直立延展，不充足时倾向水平延展。生活群体多呈灰绿色、灰褐色或黄褐色。

真叶珊瑚科

盔形珊瑚属 *Galaxea*

丛生盔形珊瑚（NT 近危）

别名：丛生棘杯珊瑚

Galaxea fascicularis (Linnaeus, 1767)

曾用名：*Galaxea aspera*

分　布：广泛分布于印度 – 太平洋珊瑚礁海区

相似种：稀杯盔形珊瑚 *Galaxea astreata* (Lamarck, 1816)

特　征：珊瑚杯较大，有中柱，隔片数量比稀杯盔形珊瑚多，为 4 ～ 5 组。

形　态：珊瑚群体多呈团块状或皮壳状，形态多变。珊瑚杯突出，多而密，呈圆形或椭圆形（椭圆形的直径为 3 ～ 7 mm）、长方形，甚至呈不规则形态；隔片 4 ～ 5 组，初生隔片最厚最长，由边缘到中心厚度渐减；基部由海绵状共骨联合而成。触手常于日间伸展，触手可伸展至 6 ～ 10 mm 长，有时能覆盖珊瑚杯；触手收缩时，可见珊瑚杯。群体颜色可能与珊瑚虫的不同，顶端通常为白色。生活群体颜色多变，多呈褐色、黄褐色、绿色等。

1 cm

真叶珊瑚科

盔形珊瑚属 *Galaxea*

稀杯盔形珊瑚（VU 易危）

别名： 星形棘杯珊瑚

Galaxea astreata (Lamarck, 1816)

曾用名：*Galaxea lamarcki*

分　布： 广泛分布于印度 – 太平洋珊瑚礁海区

相似种： 丛生盔形珊瑚 *Galaxea fascicularis* (Linnaeus, 1767)

特　征： 珊瑚杯分布稀疏，较小，中柱不明显，隔片仅 2 ～ 3 组。

形　态： 珊瑚群体呈平展的块状。珊瑚杯直径为 2 ～ 4 mm，数量较少，呈圆形或椭圆形；杯间距较大，为 2 ～ 5 mm。隔片 2 ～ 3 组，具初生隔片 8 ～ 12 个，长度延伸至中柱位置，中柱不发育。该种的触手可在日间伸展，混浊水域可能完全伸展。生活群体多呈绿褐色或红褐色。

滨珊瑚科

滨珊瑚属 *Porites*

澄黄滨珊瑚（LC 无危）

别名：钟形微孔珊瑚

Porites lutea Milne Edwards & Haime, 1851

曾用名：*Porites cocosensis*

分　布：广泛分布于印度－太平洋珊瑚礁海区

相似种：团块滨珊瑚 *Porites lobata* Dana, 1846

特　征：复直接隔片为三联式，隔片与合隔桁相联。

形　态：珊瑚群体呈团块状，大小不一，大型群体直径可达数米。群体表面有不规则突起；大型群体常伴有管虫或藤壶寄居。珊瑚杯小而浅，直径为 1 ~ 1.5 mm，呈凹入多角形，鞘壁薄，轴柱发育完全。触手较短小，多组触手伸出时仅在珊瑚杯内活动。生活群体多呈黄绿色、奶油色或深褐色。

滨珊瑚科

滨珊瑚属 *Porites*

团块滨珊瑚（NT 近危）

Porites lobata Dana, 1846   别名：团块微孔珊瑚

分　　布：广泛分布于印度－太平洋珊瑚礁海区

相似种：澄黄滨珊瑚 *Porites lutea* Milne Edwards & Haime, 1851

特　　征：复直接隔片非三联式，隔片与轴柱融合。

形　　态：珊瑚群体呈团块状、半球形或钟形，直径可达几米，表面平滑，常见大型隆起。珊瑚杯呈多边
　　　　　形，直径小于 2 mm，杯壁小于 1 mm。生活群体多呈黄绿色、棕色或褐色。

1 cm

滨珊瑚科

伯孔珊瑚属 *Bernardpora*

斯氏伯孔珊瑚（LC 无危）

别名：斯氏角孔珊瑚

Bernardpora stutchburyi (Wells, 1955)

曾用名：*Goniopora stutchburyi*

分　布：广泛分布于印度 – 太平洋珊瑚礁海区

相似种：柱形角孔珊瑚 *Goniopora columna* Dana, 1846

特　征：复直接隔片非三联式，隔片与轴柱融合。

形　态：珊瑚群体呈亚团块状或皮壳状，表面光滑，但有结节状突起。珊瑚杯较浅，渐尖，直径为 1.5 ~ 3 mm，相邻的鞘壁紧紧贴在一起；隔片多而密，侧面有颗粒。珊瑚虫呈短管形，较长，触手伸出时和收缩时的形态差异明显，伸出时会遮盖团块状群体。触手有 24 只，其中 6 个明显较大；末端呈球形或变尖。生活群体多呈浅棕色。

滨珊瑚科

角孔珊瑚属 *Goniopora*

扁平角孔珊瑚（VU 易危）

Goniopora planulata (Ehrenberg, 1834)

别名：二异角孔珊瑚

曾用名：*Goniopora duofasciata*

分　布： 广泛分布于印度 – 太平洋珊瑚礁海区

相似种： 柱形角孔珊瑚 *Goniopora columna* Dana, 1846

特　征： 珊瑚群体的触手较长。

形　态： 珊瑚群体呈亚团块状或皮壳状。珊瑚杯呈多角形，渐尖，大小不一，直径为 4 ~ 6 mm，杯壁较薄；部分隔片末端愈合，有围栅瓣，隔片边缘齿少，较深的珊瑚杯无轴柱。生活群体多呈红褐色，中央触手为白色。

滨珊瑚科

角孔珊瑚属 *Goniopora*

大角孔珊瑚（LC 无危）

Goniopora djiboutiensis Vaughan, 1907　　　　　　　　　　　　　　别名：大管孔珊瑚

分　布： 广泛分布于印度洋－西太平洋珊瑚礁海区

相似种： 柱形角孔珊瑚 *Goniopora columna* Dana, 1846

特　征： 珊瑚群体的口盘较大。

形　态： 珊瑚群体呈团块状或亚团块状。珊瑚杯呈圆形、椭圆形或多边形，较深，直径为 4 ~ 5 mm；大小不均，偶见几个较大的珊瑚杯中间会夹着一个直径约为 2 mm 的珊瑚杯。隔片深，长度小于 0.5 mm，珊瑚杯内空间较大，部分篱片发育。珊瑚虫呈管状，完全伸展后长可达 5 ~ 10 cm；触手中心呈白色或紫色；收缩时管状部分会收回至珊瑚杯。生活群体多呈深褐色、浅褐色或绿色。

滨珊瑚科

角孔珊瑚属 *Goniopora*

柔软角孔珊瑚（NT 近危）

Goniopora tenuidens (Quelch, 1886)

分　布：广泛分布于印度洋 – 西太平洋珊瑚礁海区

相似种：小角孔珊瑚 *Goniopora minor* Crossland, 1952

特　征：珊瑚杯壁较钝。

形　态：珊瑚群体呈团块状或皮壳状。珊瑚杯呈近圆形，直径约为 3 mm，具 3 组隔片，轴柱小。珊瑚虫呈长柱形。触手常年伸出，等长。生活群体多呈棕黄色。

滨珊瑚科

角孔珊瑚属 *Goniopora*

小角孔珊瑚（NT 近危）

Goniopora minor Crossland, 1952

别名：小管孔珊瑚

分　布：广泛分布于西太平洋珊瑚礁海区

相似种：柔软角孔珊瑚 *Goniopora tenuidens* (Quelch, 1886)

特　征：珊瑚群体的口盘较小。

形　态：珊瑚群体呈团块状或皮壳状，表面平整。珊瑚杯呈圆形，大小均匀，直径为 2 ~ 3 mm。隔片较短，篱片发育，边缘呈颗粒状；相邻珊瑚杯的鞘壁紧贴，愈合。生活群体多呈褐色。

滨珊瑚科

角孔珊瑚属 *Goniopora*

柱形角孔珊瑚（NT 近危）

Goniopora columna Dana, 1846

别名：柱形管孔珊瑚

分　布： 广泛分布于印度洋－西太平洋珊瑚礁海区

相似种： 斯氏伯孔珊瑚 *Goniopora stutchburyi* (Wells,1955)

特　征： 珊瑚群体的柱状部分较长，且珊瑚杯边缘平整。

形　态： 珊瑚群体多呈团块状、柱状，少量呈皮壳状。群体末端较圆，近似球形；柱状群体的横截面呈椭圆形。珊瑚杯大小均一，直径约为 4 mm，杯壁约为 2 mm；隔片和肋片边缘呈颗粒状。生活群体多呈棕色或黄褐色。

5 mm

沙珊瑚科

沙珊瑚属 *Psammocora*

吞蚀沙珊瑚（LC 无危）

Psammocora exesa (Dana, 1846)

分　　布：广泛分布于西太平洋珊瑚礁海区

相似种：柱形沙珊瑚 *Psammocora columna* Dana, 1846

特　　征：隔片边缘有许多粒状突起。

形　　态：珊瑚群体呈团块状、柱状、棒状或形似粗壮的指头，可长至直径达数米的大型群体。珊瑚杯半凹入，底部处的珊瑚杯不凹入；珊瑚杯单一或相连成纹，具棘。生活群体多呈深灰色或褐色。

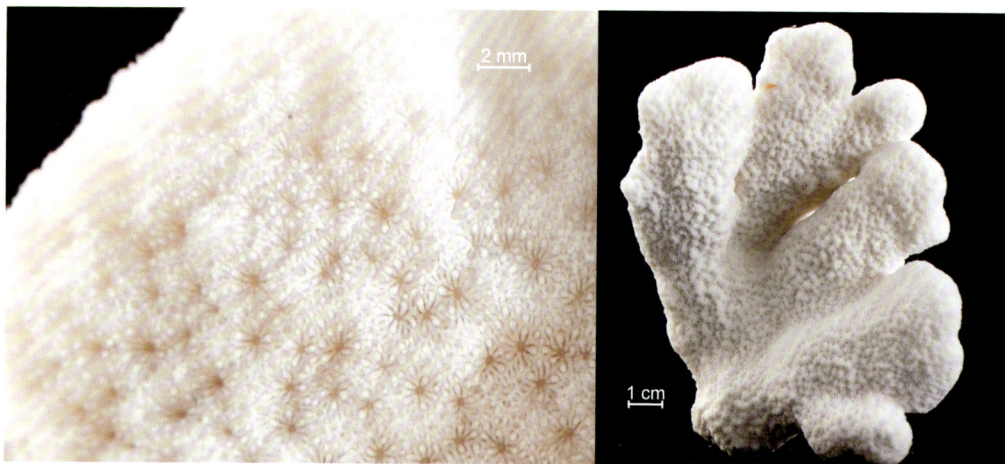

沙珊瑚科

沙珊瑚属 *Psammocora*

柱形沙珊瑚（LC 无危）

Psammocora columna Dana, 1846

别名：柱形筛孔珊瑚

分　布：广泛分布于西太平洋珊瑚礁海区

相似种：吞蚀沙珊瑚 *Psammocora exesa* (Dana, 1846)

特　征：珊瑚杯相对较小。

形　态：珊瑚群体呈皮壳状或皮壳叶状。珊瑚杯直径为 2 ~ 6 mm，常排列成谷，偶单独分布，成谷方向随机；隔片薄，边缘附有刺状颗粒。生活群体多呈绿褐色。

石芝珊瑚科

石叶珊瑚属 *Lithophyllon*

波形石叶珊瑚（NT 近危）

Lithophyllon undulatum Rehberg, 1892

曾用名：*Lithophyllon edwardsi*、*Podabacia elegans*
Podabacia elegans lobata

分　　布： 广泛分布于印度－太平洋珊瑚礁海区

相似种： 壳形足柄珊瑚 *Podabacia crustacea* (Pallas, 1766)

特　　征： 中间的隔片和肋片明显短于边缘处的。

形　　态： 珊瑚群体呈板叶状，边缘具波形分叶。隔片和肋片大小交替排列，从中间向边缘辐射平行排列，中间的隔片和肋片明显短于边缘处的；隔片边缘具不规则小刺。生活群体呈棕色或红褐色，触手为浅绿色。

1 cm

叶状珊瑚科

刺叶珊瑚属 *Echinophyllia*

粗糙刺叶珊瑚（LC 无危）

Echinophyllia aspera (Ellis & Solander, 1786)　　　　　　　　　　　别名：粗糙棘叶珊瑚

分　布：广泛分布于印度 – 太平洋珊瑚礁海区

相似种：薄片刺孔珊瑚 *Echinopora lamellosa* (Esper, 1795)

特　征：珊瑚杯分布不规则，凹入且稀疏。

形　态：珊瑚群体呈叶状或皮壳状。皮壳状的珊瑚边缘薄，且肋片纹路均平行，与边缘处成 90° 夹角。珊瑚杯分布无规律，呈不同程度突出，略向边缘倾斜，大小差异明显，直径为 10 ~ 20 mm；隔片均匀分布，肋片上有尖刺状突起；珊瑚杯内布满沟纹。触手短，不常伸出。生活群体多呈褐色或黄褐色。

2 cm

叶状珊瑚科

棘星珊瑚属 *Acanthastrea*

棘星珊瑚（LC 无危）

Acanthastrea echinata (Dana, 1846)　　　　　　　　　　　　　别名：大棘星珊瑚

分　布：广泛分布于印度 – 太平洋珊瑚礁海区

相似种：刺状棘星珊瑚 *Acanthastrea brevis* Milne Edwards & Haime, 1849

特　征：珊瑚杯相对较大，且生活时杯壁边缘多呈颗粒状。

形　态：珊瑚群体呈皮壳状或团块状。珊瑚杯呈圆形和多角形，形状、大小不均；珊瑚壁厚，隔片上具片状的棘，且隔片多数与轴柱相连。生活群体多呈棕色、棕绿色或灰色，珊瑚杯中央颜色常与周围颜色有较明显差异。

1 cm

叶状珊瑚科

叶状珊瑚属 *Lobophyllia*

辐射叶状珊瑚（LC 无危）

Lobophyllia radians (Milne Edwards & Haime, 1849)

别名：辐纹合叶珊瑚

曾用名：辐射合叶珊瑚 *Symphyllia radians*

分　布：广泛分布于印度 – 太平洋珊瑚礁海区

相似种：菌形叶状珊瑚 *Lobophyllia agaricia* (Milne Edwards & Haime, 1849)

特　征：纹沟长直而连续。

形　态：珊瑚群体呈块状或板叶状，多呈半球形或厚板状。珊瑚杯排列呈脑纹状，纹沟直而连续，宽为
20 ～ 25 mm。半球形珊瑚群体的纹沟长短不一、交错排列，扁平的珊瑚群体的纹沟通常呈辐射
状排列。生活群体多呈褐黄色。

叶状珊瑚科

叶状珊瑚属 *Lobophyllia*

赫氏叶状珊瑚（LC 无危）

Lobophyllia hemprichii (Ehrenberg, 1834)

别名：联合瓣叶珊瑚、刺脑珊瑚

曾用名：*Lobophyllia costata*

分　　布：广泛分布于印度－太平洋珊瑚礁海区

相似种：伞房叶状珊瑚 *Lobophyllia corymbosa* (Forskål, 1775)

特　　征：珊瑚杯可连成束，且珊瑚杯末端较大。

形　　态：珊瑚群体呈团块状或半球形，可长至直径达数米的大型群体。珊瑚体的组织肥厚，表面平滑或粗糙。珊瑚杯呈笙形，同系列的珊瑚杯会连成束，纹沟宽为 1.5 ～ 2.0 cm；隔片明显，内侧有齿状突出，从深到浅尖刺渐厚；鞘壁顶端也布满刺状突起。触手较短，触手伸出时和收缩时差异不大。生活群体颜色多变，多呈褐色。

叶状珊瑚科

叶状珊瑚属 *Lobophyllia*

菌形叶状珊瑚（LC 无危）

别名：菌状合叶珊瑚

Lobophyllia agaricia (Milne Edwards & Haime, 1849)

曾用名：*Symphyllia agaricia*

分　布： 广泛分布于印度 – 太平洋珊瑚礁海区

相似种： 辐射叶状珊瑚 *Lobophyllia radians* (Milne Edwards & Haime, 1849)

特　征： 纹路被珊瑚触手遮挡，不易观察。

形　态： 珊瑚群体为团块状或亚团块状。珊瑚杯呈扇形 – 沟回形，谷弯曲且不连续，宽度为 10 ～ 15 mm；轴柱之间由平行的薄片相连。生活群体多呈绿褐色、深黄色和红棕色，珊瑚杯中央颜色较浅。

1 cm

叶状珊瑚科

叶状珊瑚属 *Lobophyllia*

盔形叶状珊瑚（LC 无危）

Lobophyllia hataii Yabe, Sugiyama & Eguchi, 1936

别名：盔形瓣叶珊瑚

分　布：广泛分布于印度 – 太平洋珊瑚礁海区

相似种：褶曲叶状珊瑚 *Lobophyllia flabelliformis* Veron, 2000

特　征：隔片两侧均分布有粒状突起；肋片呈长刺状，平行排列。

形　态：珊瑚群体呈团块状，边缘呈扇形 - 沟回形，中央呈亚沟回形。隔片 3 组，第 1 组厚，具 4 ~ 8
　　　　个棘突；第 3 组薄短，多发育不全。隔片两侧均分布有粒状突起，肋片呈长刺状，平行排列。
　　　　生活群体多呈棕绿色或黄棕色。

叶状珊瑚科

叶状珊瑚属 *Lobophyllia*

伞房叶状珊瑚（LC 无危）

Lobophyllia corymbosa (Forskål, 1775)   别名：束形瓣叶珊瑚

分　布： 广泛分布于印度 – 太平洋珊瑚礁海区

相似种： 赫氏叶状珊瑚 *Lobophyllia hemprichii* (Ehrenberg, 1834)

特　征： 珊瑚杯有 1 ~ 4 个中心，且珊瑚杯末端圆滑。

形　态： 珊瑚群体呈团块状，常为半球形。珊瑚体的组织肥厚，呈肉质感，表面粗糙，布满疣突。珊瑚杯呈笙形，伴有 1 ~ 4 个中心。初生隔片较厚，其内侧与顶端布满齿状突出；次生隔片小而薄。珊瑚杯宽 2.5 ~ 3.5 mm，杯口较深，轴柱呈海绵状或网状。珊瑚杯外侧长有小刺，底部融合。触手较短，触手伸出和收缩差异不大。生活群体多呈褐色、绿褐色或黄褐色。

5 cm

叶状珊瑚科

叶状珊瑚属 *Lobophyllia*

石垣岛叶状珊瑚（VU 易危）

Lobophyllia ishigakiensis (Veron, 1990)　　　　　　　　　　　　　　别名：石垣瓣叶状珊瑚

分　布：广泛分布于印度－太平洋珊瑚礁海区

相似种：棘星珊瑚 *Acanthastrea echinata* (Dana,1846)

特　征：相邻珊瑚杯的隔片底部多融合，融合上部具一明显细沟。

形　态：珊瑚群体呈团块状、球形。珊瑚杯直径可达 25 mm，呈角状排列，边缘的珊瑚杯或有融合状；隔片排列稀疏均匀，大小不均；相邻珊瑚杯的隔片底部多融合，融合上部具一明显细沟，隔片边缘具大而明显的齿突。生活群体多呈红棕色或棕色。

裸肋珊瑚科

扁脑珊瑚属 *Platygyra*

精巧扁脑珊瑚（LC 无危）

Platygyra daedalea (Ellis & Solander, 1786)   别名：大脑纹珊瑚

分　布：广泛分布于印度 – 太平洋珊瑚礁海区

相似种：交替扁脑珊瑚 *Platygyra crosslandi* (Matthai, 1928)

特　征：珊瑚杯壁薄，谷宽大。

形　态：珊瑚群体呈团块状，鲜有呈皮壳状。珊瑚杯呈纹形，纹沟长短相间，有的长而迂回，也有的相对较短；隔片有齿突，且较为粗糙，呈下部宽顶点窄的变化趋势；珊瑚杯之间的鞘壁窄，且呈重合的状态；篱片不完全发育。触手较短，活动时在珊瑚杯中。生活群体多呈浅褐色或褐色，纹沟和脊常呈不同颜色。

5 cm

裸肋珊瑚科

扁脑珊瑚属 *Platygyra*

琉球扁脑珊瑚（NT 近危）

Platygyra ryukyuensis Yabe & Sugiyama, 1935　　　　　　　　　别名：琉球脑纹珊瑚

分　布：广泛分布于印度 – 太平洋珊瑚礁海区

相似种：中华扁脑珊瑚 *Platygyra sinensis* (Milne Edwards & Haime, 1849)

特　征：纹脊不规则，少短谷，多长谷。

形　态：珊瑚群体呈团块状，表面平整。珊瑚杯融合成沟回形，沟谷多连续，少短谷；隔片排列整齐，且沿鞘壁对称，边缘有不规则齿突；轴柱明显。生活群体多呈深褐色、褐色或绿色，脊与纹沟的颜色对比鲜明。

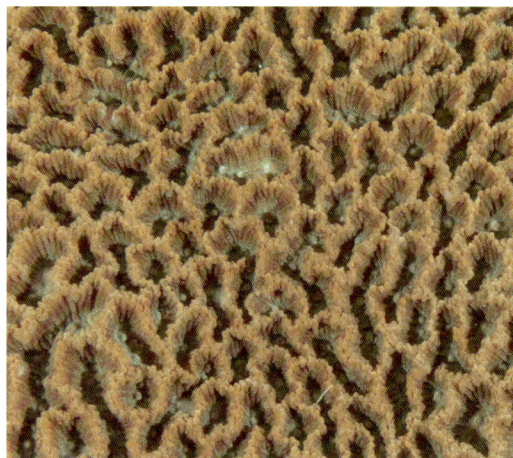

裸肋珊瑚科

扁脑珊瑚属 *Platygyra*

肉质扁脑珊瑚（NT 近危）

Platygyra carnosa Veron, 2000

分　布：广泛分布于印度 – 太平洋珊瑚礁海区

相似种：小业扁脑珊瑚 *Platygyra verweyi* Wijsman-Best,1976

特　征：隔片不规则愈合，厚薄不一。

形　态：珊瑚群体呈团块状或皮壳状，表面有不规则隆起。珊瑚杯呈短纹沟回状或多角形，沟纹长短不均，宽度为 2 ～ 5 mm；隔片薄，且不规则聚合，篱片不发育，中柱明显。生活群体多呈红褐色或黄褐色。

裸肋珊瑚科

扁脑珊瑚属 *Platygyra*

小扁脑珊瑚（LC 无危）

Platygyra pini Chevalier, 1975　　　　　　　　　　　　　别名：小脑纹珊瑚

分　布：广泛分布于印度 – 太平洋珊瑚礁海区

相似种：琉球扁脑珊瑚 *Platygyra ryukyuensis* Yabe & Sugiyama, 1935

特　征：珊瑚杯壁变化大，隔片通常较薄。短谷。

形　态：珊瑚群体呈团块状或皮壳状，半球形。珊瑚杯具 1 ～ 2 个口，弯曲呈短谷；杯壁变化大，隔片
　　　　通常较薄，但在杯壁较厚的珊瑚体上，隔片也会较厚；隔片边缘具小齿突，内部有时发育围栅瓣。
　　　　生活群体多呈黄棕色或灰色。

裸肋珊瑚科

扁脑珊瑚属 *Platygyra*

小业扁脑珊瑚（NT 近危）

Platygyra verweyi Wijsman-Best, 1976　　　　　　　　　　　　　　　　　别名：章氏脑纹珊瑚

分　布：广泛分布于印度 – 太平洋珊瑚礁海区

相似种：小扁脑珊瑚 *Platygyra pini* Chevalier, 1975

特　征：珊瑚杯壁薄，顶端尖，隔片薄且等距分布。

形　态：珊瑚群体呈团块状或皮壳状。珊瑚杯呈多角形或沟回形，宽约为 5 mm，具 1 口，杯壁薄，顶端尖；隔片薄且等距分布；轴柱不发育。生活群体多呈黄褐色。

裸肋珊瑚科

扁脑珊瑚属 *Platygyra*

中华扁脑珊瑚（LC 无危）

Platygyra sinensis (Milne Edwards & Haime, 1849)　　　　　　　　　别名：中国脑纹珊瑚

分　布：广泛分布于印度 – 太平洋珊瑚礁海区

相似种：琉球扁脑珊瑚 *Platygyra ryukyuensis* Yabe & Sugiyama, 1935

特　征：纹路整齐。

形　态：珊瑚群体呈皮壳状、团块状或球状。珊瑚杯呈显著沟回形，沟回迂回、窄且长，宽约为 5 mm；隔片平行排列且宽度均一。生活群体多呈黄色或黄褐色。

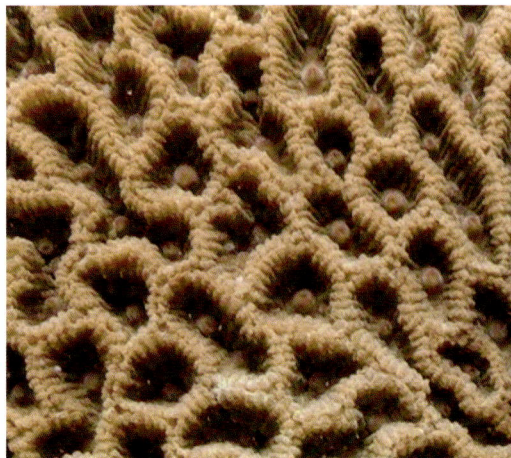

裸肋珊瑚科

刺柄珊瑚属 *Hydnophora*

腐蚀刺柄珊瑚（NT 近危）

别名：大礁珊瑚

Hydnophora exesa (Pallas, 1766)

曾用名：邻基刺柄珊瑚 *Hydnophora contignatio*

分　布： 广泛分布于印度 – 太平洋珊瑚礁海区

相似种： 小角刺柄珊瑚 *Hydnophora microconos* (Lamarck, 1816)

特　征： 骨骼呈现独特的小丘形，且小丘体积较大。

形　态： 珊瑚群体为团块状或皮壳状，形态多样。相邻珊瑚杯的鞘壁联合，呈密集的锥形或者小丘形，基部的宽度为 3 ~ 10 mm，长短不均。珊瑚虫个体直径为 4 ~ 6 mm。触手昼夜皆会伸展，长度相对一致，伸出时群体表面就像覆盖了一层绒毛。生活群体多呈黄褐色或红褐色。

裸肋珊瑚科

刺孔珊瑚属 *Echinopora*

薄片刺孔珊瑚（LC 无危）

Echinopora lamellosa (Esper, 1795)   别名：片形棘孔珊瑚

分　布：广泛分布于印度 – 太平洋珊瑚礁海区

相似种：宝石刺孔珊瑚 *Echinopora gemmacea* (Lamarck, 1816)

特　征：共骨上的小刺螺旋分层。

形　态：珊瑚群体呈边缘卷曲的叶状或边缘不卷曲的漏斗叶状；边缘颜色较浅。珊瑚杯呈圆形或椭圆
　　　　形，略突出，大小均一，直径为 2 ～ 4 mm；内有围栅瓣，共骨上含较多小刺。生活群体多呈
　　　　浅棕色、蓝褐色或绿褐色。

裸肋珊瑚科

刺孔珊瑚属 *Echinopora*

宝石刺孔珊瑚（LC 无危）

Echinopora gemmacea (Lamarck, 1816)　　　　　　　　　　　　　别名：小芽棘孔珊瑚

分　布：广泛分布于印度 – 太平洋珊瑚礁海区

相似种：薄片刺孔珊瑚 *Echinopora lamellosa* (Esper, 1795)

特　征：珊瑚杯明显呈中心对称。

形　态：珊瑚群体呈团块状或皮壳状。珊瑚杯呈圆形，直径为 4 ~ 5 mm，突出且边缘的珊瑚杯会向边缘外侧倾斜；隔片明显，篱片不发达，轴柱清晰，呈海绵状；肋片及共骨呈棘刺状。触手较短，多肉叶片感。生活群体多呈褐色或绿褐色。

5 cm

裸肋珊瑚科

刺星珊瑚属 *Cyphastrea*

碓突刺星珊瑚（LC 无危）

Cyphastrea chalcidicum (Forskål, 1775)   别名：碓突细菊珊瑚

分　布：广泛分布于印度 – 太平洋珊瑚礁海区

相似种：小叶刺星珊瑚 *Cyphastrea microphthalma* (Lamarck, 1816)

特　征：有 12 枚初生隔片。

形　态：珊瑚群体呈团块状或亚团块状。珊瑚杯呈突出的锥形，分布不规则，直径为 1.5 ～ 2.5 mm。
　　　　生活群体多呈绿色或棕色。

1 cm

裸肋珊瑚科

刺星珊瑚属 *Cyphastrea*

小叶刺星珊瑚（LC 无危）

Cyphastrea microphthalma (Lamarck, 1816)   别名：小叶细菊珊瑚

分　布：广泛分布于印度 – 太平洋珊瑚礁海区

相似种：碓突刺星珊瑚 *Cyphastrea chalcidicum* (Forskål, 1775)

特　征：珊瑚杯小，且不堆叠。

形　态：珊瑚群体呈团块状。珊瑚杯呈刺状锥形，大小均一，直径为 1 ~ 2 mm；珊瑚杯之间间隔较远，隔片为 2 组，第 1 组隔片在珊瑚杯成熟时多为 10 片，布满刺突。生活群体多呈奶油色。

裸肋珊瑚科

角蜂巢珊瑚属 *Favites*

板叶角蜂巢珊瑚（NT 近危）

Favites complanata (Ehrenberg, 1834)

别名：板叶角菊珊瑚

分　布：广泛分布于印度－太平洋珊瑚礁海区

相似种：秘密角蜂巢珊瑚 *Favites abdita* (Ellis & Solander, 1786)

特　征：珊瑚杯杯壁厚实。

形　态：珊瑚群体呈团块状或皮壳状，表面多平滑。珊瑚杯呈多角状、亚融合状或呈多边形，直径为 8 ~ 12 mm；杯壁较厚，顶端浑圆；隔片 2 组，第 1 组长且突出，和轴柱相连；珊瑚杯略呈盘形，口杯呈圆形，凹陷很浅。生活群体多呈红褐色或棕色，珊瑚杯中央色彩鲜艳。

裸肋珊瑚科

角蜂巢珊瑚属 *Favites*

多弯角蜂巢珊瑚（NT 近危）

Favites flexuosa (Dana, 1846)   别名：柔角菊珊瑚

分　布：广泛分布于印度 – 太平洋珊瑚礁海区

相似种：板叶角蜂巢珊瑚 *Favites complanata* (Ehrenberg, 1834)

特　征：孔深，珊瑚杯以圆形为主，杯大。

形　态：珊瑚群体呈团块状或皮壳状，表面、刺突齐整。珊瑚杯深，呈多边形，直径为 10 ~ 15 mm；隔片大小较均匀，初生隔片边缘具明显的齿突，次生隔片较薄。生活群体多呈绿褐色。

裸肋珊瑚科

角蜂巢珊瑚属 *Favites*

海孔角蜂巢珊瑚（NT 近危）

Favites halicora (Ehrenberg, 1834)

别名：实心角菊珊瑚

曾用名：*Goniastrea halicora*

分　布：广泛分布于印度－太平洋珊瑚礁海区

相似种：秘密角蜂巢珊瑚 *Favites abdita* (Ellis & Solander, 1786)

特　征：珊瑚杯较大。

形　态：珊瑚群体呈亚团块状或皮壳状。珊瑚杯呈多角形，连接紧密，直径为 8 ～ 12 mm，形状、大小不均；隔片具明显齿状结构。生活群体多呈棕色、绿色或黄色，杯壁颜色较浅。

裸肋珊瑚科

角蜂巢珊瑚属 *Favites*

秘密角蜂巢珊瑚（NT 近危）

别名： 隐藏角菊珊瑚

Favites abdita (Ellis & Solander, 1786)

曾用名： *Favites virens*

分　布： 广泛分布于印度 – 太平洋珊瑚礁海区

相似种： 海孔角蜂巢珊瑚 *Favites halicora* (Ehrenberg, 1834)

特　征： 珊瑚杯形态不规则，呈四、五、六边形，隔片多。

形　态： 珊瑚群体呈团块状，一般为圆球形或小丘状，表面光滑。珊瑚杯呈多角形，角度圆滑，大小不均，直径为 8 ~ 15 mm，交汇处厚度略增加；隔片均匀分布，排列整齐，厚度均一，边缘具有整齐而明显的细齿，轴柱呈海绵状。生活群体多呈浅棕色或棕色，生于混浊生境时颜色较深。

裸肋珊瑚科

角蜂巢珊瑚属 *Favites*

五边角蜂巢珊瑚（LC 无危）

Favites pentagona (Esper, 1795)

别名：五边角菊珊瑚

分　布：广泛分布于印度 – 太平洋珊瑚礁海区

相似种：小五边角蜂巢珊瑚 *Favites micropentagonus* Veron, 2000

特　征：与小五边角蜂巢珊瑚相比，珊瑚杯口径更大。

形　态：珊瑚群体呈团块状、亚团块状或皮壳状，表面不光滑。珊瑚杯呈多角形，形状不规则，大小不均，直径为 4 ～ 12 mm；杯壁较薄，最内圈的隔片形成围栅瓣。生活群体多呈棕色或蓝绿色。

裸肋珊瑚科

角蜂巢珊瑚属 *Favites*

小五边角蜂巢珊瑚（NT 近危）

Favites micropentagonus Veron, 2000   曾用名：*Favites micropentagona*

分　布：广泛分布于印度 – 太平洋珊瑚礁海区

相似种：五边角蜂巢珊瑚 *Favites pentagona* (Esper, 1795)

特　征：与五边角蜂巢珊瑚相比，珊瑚杯口径更小。

形　态：珊瑚群体呈团块状或皮壳状。珊瑚杯呈多边形，以五边形为主，杯小，直径为 3 ~ 4 mm；隔片 2 组，初生隔片与次生隔片交替排列；隔片边缘有齿突，有篱片。生活群体多呈褐色。

5 mm

1 cm

裸肋珊瑚科

角蜂巢珊瑚属 *Favites*

中华角蜂巢珊瑚（NT 近危）

别名：中国角菊珊瑚

Favites chinensis (Verrill, 1866)

曾用名：中国角蜂巢珊瑚、少片菊花珊瑚 *Favites yamanarii*

分　布：广泛分布于印度－太平洋珊瑚礁海区

相似种：粗糙腔星珊瑚 *Coelastrea aspera* (Verrill, 1866)

特　征：珊瑚杯壁薄且浅。

形　态：珊瑚群体呈团块状或皮壳状，表面平整。珊瑚杯较浅，呈多角形，排列紧密，大小不均，直径为 4 ~ 10 mm；隔片直而均匀，相邻隔片上的齿突对称；隔片上的齿突与相邻隔片上的齿突呈同心圆排列，且齿突大小向珊瑚杯中心递减。生活群体多呈绿褐色或黄褐色。

裸肋珊瑚科

菊花珊瑚属 *Goniastrea*

带刺菊花珊瑚（NT 近危）

别名： 带刺蜂巢珊瑚

Goniastrea stelligera (Dana, 1846)

曾用名：*Favia stelligera*

分　布：广泛分布于印度－太平洋珊瑚礁海区

相似种：曲圆星珊瑚 *Astrea curta* Dana, 1846

特　征：珊瑚杯直径小，且分布密集。

形　态：珊瑚群体呈团块或亚团块状。珊瑚杯直径为 3 ～ 5 mm；分布均匀；珊瑚杯呈融合形，杯壁较矮，肋片较尖微凸，杯壁上较粗的肋片形成隔片。生活群体多呈灰褐色。

1 cm

裸肋珊瑚科

菊花珊瑚属 Goniastrea

梳状菊花珊瑚（LC 无危）

Goniastrea pectinata (Ehrenberg, 1834)

别名：翼形角星珊瑚

分　布：广泛分布于印度 – 太平洋珊瑚礁海区

相似种：埃氏菊花珊瑚 *Goniastrea edwardsi* Chevalier, 1971

特　征：珊瑚杯较大，有三口道。

形　态：珊瑚群体呈亚团块状或皮壳状，群体表面光滑平整，偶尔有起伏的小丘。珊瑚杯呈多角形，或不规则沟回形；珊瑚杯较大，有单口道和三口道，长约 10 mm；隔片 2 组，相邻珊瑚杯的隔片在杯壁顶端交错排列；鞘壁较厚，但厚度不均匀。生活群体多呈浅褐色或深褐色。

裸肋珊瑚科

菊花珊瑚属 *Goniastrea*

网状菊花珊瑚（LC 无危）

Goniastrea retiformis (Lamarck, 1816)   别名：网状角星珊瑚

分　布：广泛分布于印度 – 太平洋珊瑚礁海区

相似种：埃氏菊花珊瑚 *Goniastrea edwardsi* Chevalier, 1971

特　征：珊瑚杯直径小，杯壁和隔片薄。

形　态：珊瑚群体呈亚团块状或皮壳状。珊瑚杯呈多角形，共壁，直径为 3 ~ 5 mm，大小相近但形态不均；隔片上具齿，具有围栅瓣但不明显。生活群体多呈黄褐色。

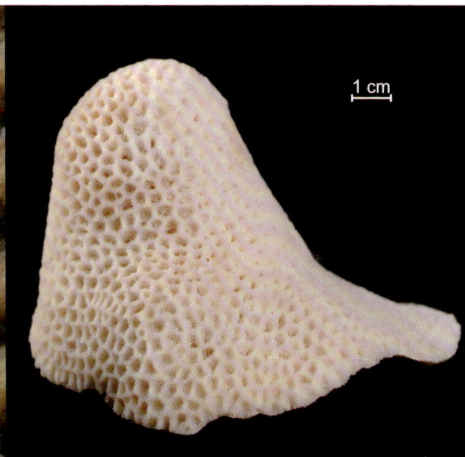

裸肋珊瑚科

裸肋珊瑚属 *Merulina*

阔裸肋珊瑚（LC 无危）

别名：片形绳纹珊瑚

Merulina ampliata (Ellis & Solander, 1786)

曾用名：*Merulina vaughani*

分　布：广泛分布于印度－太平洋珊瑚礁海区

相似种：粗裸肋珊瑚 *Merulina scabricula* Dana, 1846

特　征：纹脊较粗。

形　态：珊瑚群体呈皮壳状或板状，薄且不规则，骨骼较薄且脆弱，中央部分有许多丘状突起。珊瑚杯联合排列呈纹形，也可能自珊瑚体中心向周围呈辐射状延伸，并与边缘垂直；直径为 2 ~ 3 mm，有 1 ~ 10 个中心。生活群体多呈奶油色或浅褐色，颜色多变。

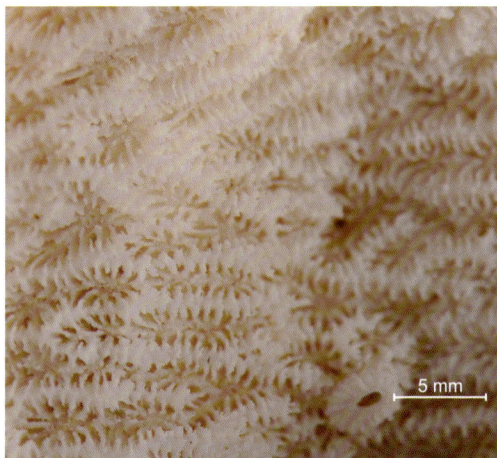

裸肋珊瑚科

盘星珊瑚属 *Dipsastraea*

标准盘星珊瑚（LC 无危）

Dipsastraea speciosa (Dana, 1846)

别名：标准蜂巢珊瑚

曾用名：*Favia speciosa*、*Goniastrea speciosa*

分　布：广泛分布于印度 – 太平洋珊瑚礁海区

相似种：圆纹盘星珊瑚 *Dipsastraea pallida* (Dana, 1846)

特　征：珊瑚杯的形态相似，杯壁不明显。

形　态：珊瑚群体呈团块状，鲜有皮壳状。珊瑚杯呈不规则圆形，也有多边形，与多角形珊瑚杯相比可见明显的杯间沟槽，直径为 6 ～ 12 mm；隔片密集而均一；肋片和隔片具齿状结构，具围栅瓣但不明显。生活群体多呈灰绿色或棕黄色。

10 mm

裸肋珊瑚科

盘星珊瑚属 *Dipsastraea*

海洋盘星珊瑚（NT 近危）

Dipsastraea maritima (Nemenzo, 1971)　　　　　　　　　　　　别名：海洋蜂巢珊瑚

分　布：广泛分布于印度－太平洋珊瑚礁海区

相似种：丹氏盘星珊瑚 *Dipsastraea danai* (Milne Edwards & Haime, 1857)

特　征：珊瑚杯形态相似，杯壁不明显。

形　态：群体呈团块状，常为半球形。珊瑚杯呈圆形、近圆形，杯大，直径为 20～30 mm，分布均匀；隔片薄，在鞘壁处增厚，边缘有齿，围栅瓣发育不良。生活群体多呈黄褐色或夹杂灰色。

裸肋珊瑚科

盘星珊瑚属 *Dipsastraea*

黄癣盘星珊瑚（LC 无危）

别名：黄癣蜂巢珊瑚

Dipsastraea favus (Forskål, 1775)

曾用名：*Favia favus*

分　布：广泛分布于印度 – 太平洋珊瑚礁海区

相似种：标准盘星珊瑚 *Dipsastraea speciosa* (Dana, 1846)

特　征：珊瑚杯较大，隔片与肋片数量多，且珊瑚杯形态多样。

形　态：珊瑚群体呈团块状，表面平整。珊瑚杯大而深，直径为 8 ~ 15 mm，融合形排列，多呈圆锥形。
　　　　珊瑚杯之间有凹陷，隔片大小不均，排列不规则，部分有篱片，中柱小，肋片分布均匀并具细
　　　　齿。生活群体多呈褐色或红褐色。

裸肋珊瑚科

盘星珊瑚属 *Dipsastraea*

美龙氏盘星珊瑚（NT 近危）

别名：美龙氏蜂巢珊瑚

Dipsastraea veroni (Moll & Best, 1984)

曾用名：圆突蜂巢珊瑚 *Favia veroni*

分　　布：广泛分布于印度 – 太平洋珊瑚礁海区

相似种：大盘星珊瑚 *Dipsastraea maxima* (Veron, Pichon & Wijsman-Best, 1977)

特　　征：珊瑚杯略小于大盘星珊瑚，隔片规则。

形　　态：珊瑚群体呈团块状。珊瑚杯较大且不规则，直径为 10 ~ 25 mm；珊瑚杯呈不明显融合形，活珊瑚常见杯壁紧密排列；肋片和隔片具齿状结构，未见围栅瓣。生活群体多呈橘褐色、深褐色或棕褐色。

5 cm

裸肋珊瑚科

盘星珊瑚属 *Dipsastraea*

翘齿盘星珊瑚（NT 近危）

Dipsastraea matthaii (Vaughan, 1918)

别名：**翘齿蜂巢珊瑚**

曾用名：*Acanthastrea faviaformis*

分　布：广泛分布于印度 – 太平洋珊瑚礁海区

相似种：圆纹盘星珊瑚 *Dipsastraea pallida* (Dana, 1846)

特　征：珊瑚杯骨骼边缘有锯齿。

形　态：珊瑚群体呈团块状，表面平整。珊瑚杯呈圆形或椭圆形，突起，杯深且大，直径为 11 ~ 15 mm，珊瑚杯之间有凹陷，基部融合；隔片厚且突出，在鞘壁位置明显加厚；隔片和肋片的边缘具上翘的长齿，因而显得粗糙。生活群体多呈褐色、绿色或杂色，珊瑚杯壁和口盘部位的颜色明显不同。

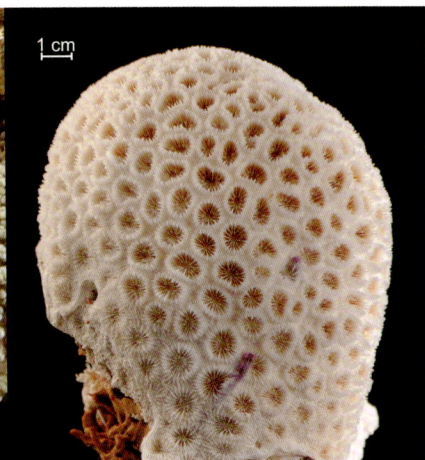

裸肋珊瑚科

圆星珊瑚属 *Astrea*

曲圆星珊瑚（LC 无危）

Astrea curta Dana, 1846   曾用名：曲圆菊珊瑚、曲同星珊瑚 *Montastrea curta*

分　布： 广泛分布于印度洋珊瑚礁海区

相似种： 简短圆星珊瑚 *Astrea annuligera* Milne Edwards & Haime, 1849

特　征： 珊瑚杯直径略大，分布较疏散。

形　态： 珊瑚群体呈团块状或柱形，偶见皮壳状。珊瑚杯呈融合形，杯形为规则圆形，直径为 5 mm，珊瑚杯大小均一；肋片排列规则整齐；隔片长短交替排列，长的隔片延伸至轴柱处形成围栅瓣。生活群体多呈奶油色、褐色或淡黄色。

同星珊瑚科

同星珊瑚属 *Plesiastrea*

多孔同星珊瑚（LC 无危）

Plesiastrea versipora (Lamarck, 1816)

别名：多孔圆星珊瑚

分　　布：广泛分布于印度－太平洋珊瑚礁海区

相似种：简短圆星珊瑚 *Astrea annuligera* Milne Edwards & Haime, 1849

特　　征：珊瑚杯壁较薄。

形　　态：珊瑚群体呈皮壳状或团块状，表面平整。珊瑚杯呈规整的圆盘状，直径为 2.5 ～ 4.0 mm，相邻的珊瑚杯被环形沟隔开；珊瑚杯的鞘壁薄，隔片 2 组，均匀分布在鞘壁内侧，形成锯齿状，隔片两侧伴有颗粒，并与轴柱相连，篱片发育明显。群体由触手外出芽分裂生殖形成，珊瑚触手较短。触手根据隔片分布，以外出芽形式伸出。生活群体多呈黄色、奶油色或绿棕色。

小星珊瑚科

小星珊瑚属 *Leptastrea*

白斑小星珊瑚（LC 无危）

Leptastrea purpurea (Dana, 1846)

别名：白斑柔星珊瑚

曾用名：*Leptastrea pruinose*

分　布：广泛分布于印度 – 太平洋珊瑚礁海区

形　态：珊瑚群体呈皮壳状或亚团块状，整体表面平滑。珊瑚杯呈多角形，直径为 2 ~ 9 mm；隔片清晰，3 ~ 4 组；珊瑚杯大小相近且均匀分布，中柱有刺状突起。生活群体多呈黄棕色或红棕色，口杯呈白色，特征显著。

小星珊瑚科

小星珊瑚属 *Leptastrea*

紫小星珊瑚（LC 无危）

别名：紫柔星珊瑚

Leptastrea purpurea (Dana, 1846)

曾用名：*Leptastrea ehrenbergiana*

分　布：广泛分布于印度 – 太平洋珊瑚礁海区

形　态：珊瑚群体呈皮壳状或亚团块状，表面平坦。珊瑚杯呈多角形，共壁较薄且光滑平坦，厚度不超过 1 mm；珊瑚杯形状、大小不均，直径为 2 ~ 8 mm，轴柱具短棒状乳突结构；多组隔片，最长的隔片延伸至轴柱，无围栅瓣结构。生活群体多呈棕黄色，杯壁呈浅色。

珊瑚名录

科名	属名	种名
鹿角珊瑚科 Acroporidae	鹿角珊瑚属 Acropora	单独鹿角珊瑚 Acropora solitaryensis Veron & Wallace,1984
		多孔鹿角珊瑚 Acropora millepora (Ehrenberg, 1834)
		风信子鹿角珊瑚 Acropora hyacinthus (Dana, 1846)
		佳丽鹿角珊瑚 Acropora pulchra (Brook, 1891)
		隆起鹿角珊瑚 Acropora tumida (Verrill, 1866)
		美丽鹿角珊瑚 Acropora muricata (Linnaeus, 1758)
		萨摩亚鹿角珊瑚 Acropora samoensis (Brook, 1891)
	蔷薇珊瑚属 Montipora	膨胀蔷薇珊瑚 Montipora turgescens Bernard, 1897
		翼形蔷薇珊瑚 Montipora peltiformis Bernard, 1897
		鬃刺蔷薇珊瑚 Montipora hispida (Dana, 1846)
	同孔珊瑚属 Isopora	松枝同孔珊瑚 Isopora brueggemanni (Brook, 1893)
	星孔珊瑚属 Astreopora	疣星孔珊瑚 Astreopora gracilis Bernard, 1896
	穴孔珊瑚属 Alveopora	海绵穴孔珊瑚 Alveopora spongiosa Dana, 1846
菌珊瑚科 Agariciidae	牡丹珊瑚属 Pavona	厚板牡丹珊瑚 Pavona duerdeni Vaughan, 1907
		十字牡丹珊瑚 Pavona decussata (Dana, 1846)
	西沙珊瑚属 Coeloseris	西沙珊瑚 Coeloseris mayeri Vaughan, 1918
木珊瑚科 Dendrophylliidae	陀螺珊瑚属 Turbinaria	盾形陀螺珊瑚 Turbinaria peltata (Esper, 1794)
		复叶陀螺珊瑚 Turbinaria frondens (Dana, 1846)

科名	属名	种名
木珊瑚科 Dendrophylliidae	陀螺珊瑚属 Turbinaria	皱折陀螺珊瑚 Turbinaria mesenterina (Lamarck, 1816)
真叶珊瑚科 Euphylliidae	盔形珊瑚属 Galaxea	丛生盔形珊瑚 Galaxea fascicularis (Linnaeus, 1767)
		稀杯盔形珊瑚 Galaxea astreata (Lamarck, 1816)
滨珊瑚科 Poritidae	滨珊瑚属 Porites	澄黄滨珊瑚 Porites lutea Milne Edwards & Haime, 1851
		团块滨珊瑚 Porites lobata Dana, 1846
	伯孔珊瑚属 Bernardpora	斯氏伯孔珊瑚 Bernardpora stutchburyi (Wells, 1955)
	角孔珊瑚属 Goniopora	扁平角孔珊瑚 Goniopora planulata (Ehrenberg, 1834)
		大角孔珊瑚 Goniopora djiboutiensis Vaughan, 1907
		柔软角孔珊瑚 Goniopora tenuidens (Quelch, 1886)
		小角孔珊瑚 Goniopora minor Crossland, 1952
		柱形角孔珊瑚 Goniopora columna Dana, 1846
沙珊瑚科 Psammocoridae	沙珊瑚属 Psammocora	吞蚀沙珊瑚 Psammocora exesa Dana, 1846
		柱形沙珊瑚 Psammocora columna Dana, 1846
石芝珊瑚科 Fungiidae	石叶珊瑚属 Lithophyllon	波形石叶珊瑚 Lithophyllon undulatum Rehberg, 1892
叶状珊瑚科 Lobophylliidae	刺叶珊瑚属 Echinophyllia	粗糙刺叶珊瑚 Echinophyllia aspera (Ellis & Solander, 1786)
	棘星珊瑚属 Acanthastrea	棘星珊瑚 Acanthastrea echinate (Dana, 1846)
	叶状珊瑚属 Lobophyllia	辐射叶状珊瑚 Lobophyllia radians (Milne Edwards & Haime, 1849)
		赫氏叶状珊瑚 Lobophyllia hemprichii (Ehrenberg, 1834)

科名	属名	种名
叶状珊瑚科 Lobophylliidae	叶状珊瑚属 Lobophyllia	菌形叶状珊瑚 Lobophyllia agaricia (Milne Edwards & Haime, 1849)
		盔形叶状珊瑚 Lobophyllia hataii Yabe, Sugiyama & Eguchi, 1936
		伞房叶状珊瑚 Lobophyllia corymbose (Forskål, 1775)
		石垣岛叶状珊瑚 Lobophyllia ishigakiensis (Veron, 1990)
	扁脑珊瑚属 Platygyra	精巧扁脑珊瑚 Platygyra daedalea (Ellis & Solander, 1786)
		琉球扁脑珊瑚 Platygyra ryukyuensis Yabe & Sugiyama, 1935
		肉质扁脑珊瑚 Platygyra carnosa Veron, 2000
		小扁脑珊瑚 Platygyra pini Chevalier, 1975
		小业扁脑珊瑚 Platygyra verweyi Wijsman-Best, 1976
		中华扁脑珊瑚 Platygyra sinensis (Milne Edwards & Haime, 1849)
裸肋珊瑚科 Merulinidae	刺柄珊瑚属 Hydnophora	腐蚀刺柄珊瑚 Hydnophora exesa (Pallas, 1766)
	刺孔珊瑚属 Echinopora	薄片刺孔珊瑚 Echinopora lamellosa (Esper, 1795)
		宝石刺孔珊瑚 Echinopora gemmacea (Lamarck, 1816)
	刺星珊瑚属 Cyphastrea	碓溪刺星珊瑚 Cyphastrea chalcidicum (Forskål, 1775)
		小叶刺星珊瑚 Cyphastrea microphthalma (Lamarck, 1816)
	角蜂巢珊瑚属 Favites	板叶角蜂巢珊瑚 Favites complanata (Ehrenberg, 1834)
		多弯角蜂巢珊瑚 Favites flexuosa (Dana, 1846)
		海孔角蜂巢珊瑚 Favites halicora (Ehrenberg, 1834)

科名	属名	种名
	角蜂巢珊瑚属 *Favites*	秘密角蜂巢珊瑚 *Favites abdita* (Ellis & Solander, 1786)
		五边角蜂巢珊瑚 *Favites pentagona* (Esper, 1795)
		小五边角蜂巢珊瑚 *Favites micropentagonus* Veron, 2000
		中华角蜂巢珊瑚 *Favites chinensis* (Verrill, 1866)
	菊花珊瑚属 *Goniastrea*	带刺菊花珊瑚 *Goniastrea stelligera* (Dana, 1846)
		梳状菊花珊瑚 *Goniastrea pectinata* (Ehrenberg, 1834)
		网状菊花珊瑚 *Goniastrea retiformis* (Lamarck, 1816)
裸肋珊瑚科 Merulinidae	裸肋珊瑚属 *Merulina*	阔裸肋珊瑚 *Merulina ampliata* (Ellis & Solander, 1786)
	盘星珊瑚属 *Dipsastraea*	标准盘星珊瑚 *Dipsastraea speciosa* (Dana, 1846)
		海洋盘星珊瑚 *Dipsastraea maritima* (Nemenzo, 1971)
		黄癣盘星珊瑚 *Dipsastraea favus* (Forskål, 1775)
		美龙氏盘星珊瑚 *Dipsastraea veroni* (Moll & Best, 1984)
		翘齿盘星珊瑚 *Dipsastraea matthaii* (Vaughan, 1918)
	圆星珊瑚属 *Astrea*	曲圆星珊瑚 *Astrea curta* (Dana, 1846)
同星珊瑚科 Plesiastreidae	同星珊瑚属 *Plesiastrea*	多孔同星珊瑚 *Plesiastrea versipora* (Lamarck, 1816)
小星珊瑚科 Leptastreiade	小星珊瑚属 *Leptastrea*	白斑小星珊瑚 *Leptastrea purpurea* (Dana, 1846)
		紫小星珊瑚 *Leptastrea purpurea* (Dana, 1846)

第三章

其他生物

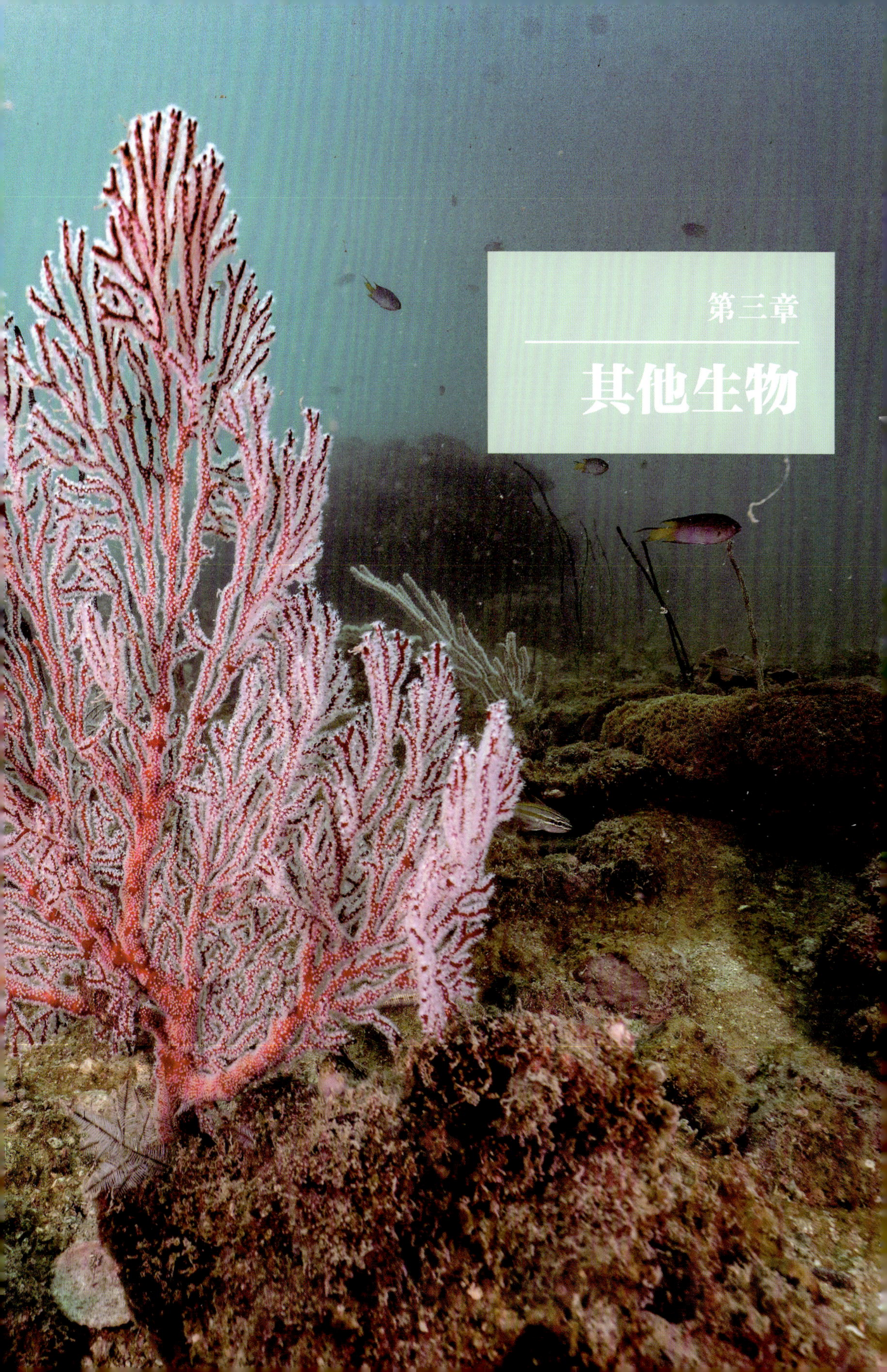

定鞭藻门

球形棕囊藻

Phaeocystis globosa Scherffel, 1899

形　　态：藻体具有单细胞和囊体两种形态。自由单细胞近圆形，具双鞭毛和一根短的定鞭毛。球形棕囊藻主要以群体形式出现，囊体形态的凝胶状基质中包埋着大量的藻细胞并形成中空的球形囊体，藻体呈棕绿色。

生活习性：海洋中广泛分布，是主要的赤潮生物。

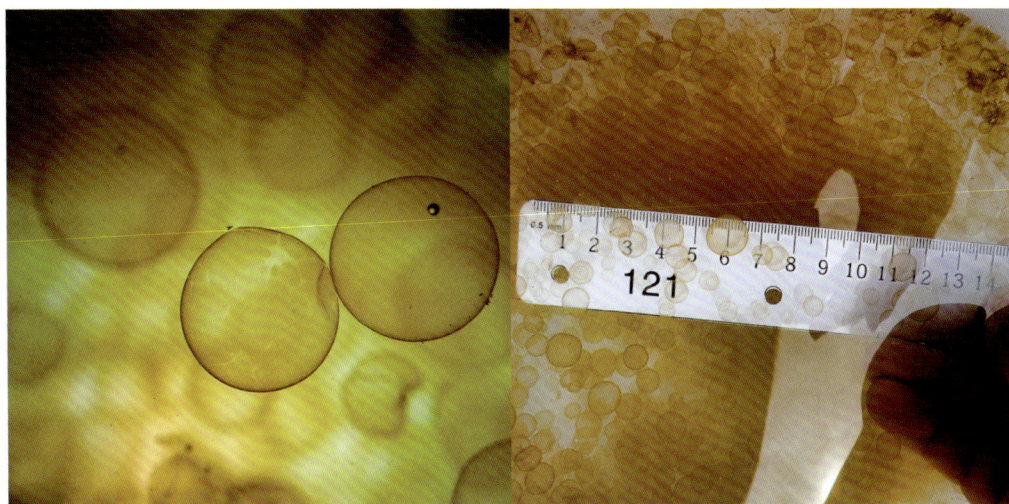

褐藻门

马尾藻属的一种

Sargassum sp.

形　　态：茎的主干呈圆柱状，向四周辐射分枝。分枝长短不一，呈扁平或圆柱形。藻叶多为披针形，叶柄短，顶端尖，边缘为不规则锯齿状。藻体具有单生气囊，呈圆形、倒卵形或长圆形。藻体呈黄棕色或褐绿色。

生活习性：生长在潮下带和潮间带的礁石、岩石或石沼中。

囊藻

Colpomenia sinuosa (Mertens ex Roth) Derbès & Solier, 1851

形　态：藻体中空，呈球形或半球形囊状，表面多具不规则纹裂。藻体的单生直径为 2 ~ 6 cm，聚生直径为 10 ~ 30 cm。藻体呈黄褐色、棕绿色或棕褐色。

生活习性：生长在潮间带低潮线附近的坚硬基质，或附生于其他大型海藻藻体上。

匍扇藻

Lobophora variegata (Lamouroux) Womersley ex Oliveira, 1977

形　　态：外形呈鳞片状、扇形或亚圆形。藻体平伏生长，单生、聚集或重叠。藻体下表面具有用于附着基底的毛状假根。叶片长为 1 ~ 3 cm，宽为 2 ~ 8 cm，厚度为 230 ~ 300 μm。叶片的边缘完整或分裂，边缘厚度为 80 μm。藻体呈浅棕色至深褐色、橄榄橙色至橙色。

生活习性：生长在潮间带、潮下带和珊瑚礁区，主要附着在岩石、礁石和死珊瑚上。

脆弱网地藻

Dictyota friabilis (Setchell, 1926)

形　　态：藻体细小，为膜质，呈扁平带状，具不规则二叉状分枝。分枝宽为 0.3 ~ 0.6 cm，全缘，无中肋；分枝角度大，腋圆，枝端为钝圆，基部有盘状附着器。藻体腹面可向下长出丝状假根，以此匍匐生长。藻体由三层细胞组成，中层细胞大，呈方形；上下两面的皮层细胞较小，呈方形或长方形。藻体呈黄褐色，在海中可发出蓝绿色荧光。

生活习性：生长在潮间带、潮下带和珊瑚礁区，主要附着在岩石、礁石和死珊瑚上。

南方团扇藻

Padina australis (Hauck, 1887)

形　　态：藻体较大，高为 10 ~ 15 cm，通过吸附盘附着。叶片略有钙化，呈扇形，外缘向内微卷。毛线带交替分布于叶片的上下表面，厚度从基部到上部逐渐变小。四分孢子囊排列在部分毛线带的上面，因此形成生育带和不育带的规则交替。藻体呈棕黄色或橄榄绿色。

生活习性：生长在低潮带的珊瑚礁、岩石或石沼中。

红藻门

东方耳壳藻

Peyssonnelia orientalis (Weber-van Bosse) Cormaci & G.Furnari, 1987

形　　态：藻体为膜质，呈圆形至扇形。藻体纵裂形成裂片并互相重叠。藻体上表面有时有同心圆的纹路，下表面轻微钙化。藻体紧贴基质生长，宽为 1 ~ 3 cm。藻体呈深红色至接近红黑色。

生活习性：生长在潮间带中部到潮下带，以及珊瑚礁区；附着在珊瑚碎枝、碎块、岩石、礁石、贝壳上，或者附生在大型藻类的表面。

蹄形叉珊藻粗短变型

Jania ungulata f. brevior (Yendo) Yendo, 1905

形　　态：藻体直立，丛生并形成密集的簇状或垫状。藻体钙化，高为 1 ～ 3 cm，具重复性二叉分枝。分枝角度大于 45°，分枝清晰。藻体下部呈圆柱形，下部节段直径为 75 ～ 130 μm。藻体上部较短，呈扁平状，末端较宽大；上部节段在同一平面分枝，宽为 170 ～ 220 μm；上部末端节段扁平，呈蹄形，有时也呈球形或圆柱形。藻体呈粉紫色或粉红色。

生活习性：生长在潮间带中部到潮下带的岩石、礁石和死珊瑚上。

脆叉节藻

Amphiroa fragilissima (Linnaeus) J. V. Lamouroux, 1816

形　　态：藻体丛生，呈团簇状似地毯，直径为 10 ~ 20 cm，高约 5 cm。分枝不规则，有二叉分枝、三叉分枝或多叉分枝不等；钙化明显，质地脆硬。分枝连续，层次明显，顶端为玫瑰色或白色，具节间结构，略微膨大。藻体呈紫色、玫瑰色、红色和白色。

生活习性：生长在潮间带中部和潮下带的生有藻皮群落的死珊瑚或礁石上，偶见与其他藻类混长。

紫杉状海门冬

Asparagopsis taxiformis (Delile) Trevisan de Saint-Léon, 1845

形　　态：藻体柔软，丛生，由匍匐茎及直立茎两部分组成。匍匐茎呈圆柱状，分枝少，具向下生假根状的固着器。直立茎也呈圆柱状，下部裸露或与侧枝根同生，上部有羽毛状分枝；分枝质地柔软，顶端长有许多毛状小枝。直立藻部分呈金字塔形结构，高为 10 ~ 20 cm。藻体颜色呈紫红色、红褐色、紫粉色、紫罗兰色。

生活习性：生长在低潮线至潮下带的礁石上或珊瑚碎枝上，或附生在大型藻类上。

脆枝果胞藻

Tricleocarpa fragilis (Linnaeus) Huisman & R.A.Townsend, 1993

别名：白果胞藻

形　　态：藻体直立丛生，呈半球形。固着器呈盘状。主轴呈圆柱状。二叉状分枝密集且呈对生方式，光滑无毛，钙化明显，质地脆硬，有环纹和关节。再育枝单生或簇生于节间或关节破裂处。藻体呈紫色、灰紫色、深红色、粉红色和白色。

生活习性：生长在潮间带下部和潮下带上部的岩石、死珊瑚等坚硬基质。

扁乳节藻

Dichotomaria marginate (J.Ellis & Solander) Lamarck, 1816

形　　态：藻体丛生，底部为附着器，基部具一圆锥形短茎。多回二叉状分枝，枝条扁平，无明显节间结构，但枝条表面具规则的节线。叶片茎化，边缘稍厚，顶端略呈乳白色。藻体表面光滑不具毛，富含石灰质，呈适度钙化。藻体呈红棕色。

生活习性：生长于潮下带与潮间带上部的礁石或岩石上，也附生在多毛类栖管、海绵及大型藻类上。

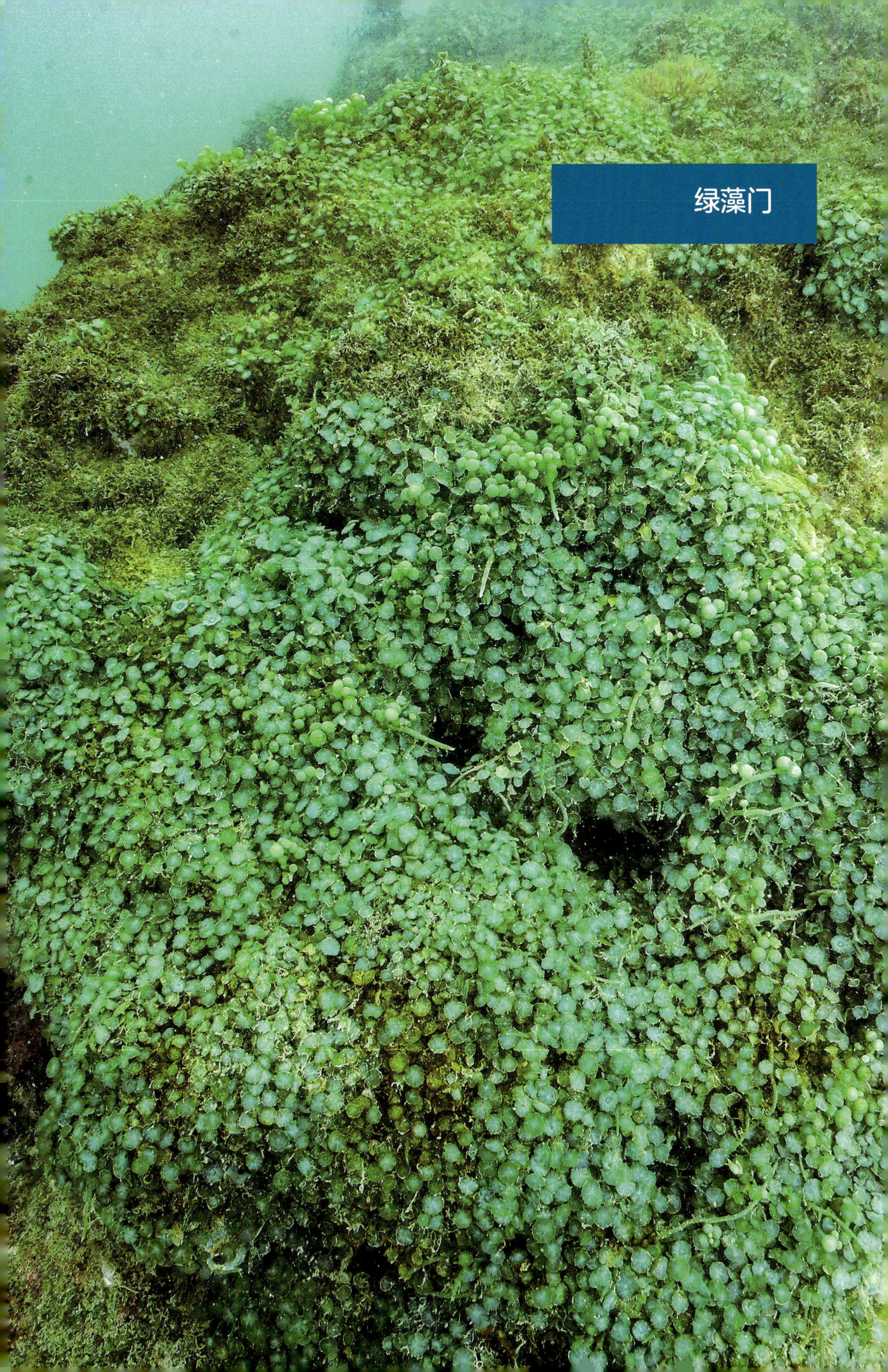

绿藻门

总状蕨藻

Caulerpa racemose (Forsskål) J. Agardh, 1873

形　　态：藻体具匍匐茎和直立茎分枝。蔓生的匍匐茎下端为粗壮的根茎，根茎紧附在基质上。直立分枝呈葡萄状，具两列以上小分枝。小枝轮生，顶端呈球形、半球形或棒状，有明显的柄部。藻体呈深绿色且富有光泽。

生活习性：生长在潮间带中低潮区和潮下带的珊瑚礁上。

钱币蕨藻

Caulerpa nummularia Harvey ex J. Agardh, 1873

形　　态： 具匍匐茎和直立茎分枝。匍匐茎细长，直径为 0.4 ~ 1 mm，具细根。直立分枝高约 1 cm，具扁平圆盘状或盾形叶片。叶片全缘或稍浅裂，或在边缘具圆齿；表面具白色斑纹，自中心向边缘辐射；大小为 1 ~ 5 mm，有明显柄部。藻体呈深绿色。

生活习性： 生长在潮间带中低潮区和潮下带上部的珊瑚礁上，常生长在其他藻类丛中。

羽状羽藻

Bryopsis pennata J. V. Lamouroux, 1809

形　　态：藻体簇生，呈羽毛状，柔软而浓密，偶见有不规则小羽枝。藻体高度为 1 ~ 10 cm。藻体呈绿色至深绿色。

生活习性：生长在潮间带下部到潮下带珊瑚礁区的岩石、礁石和死珊瑚上，或附生于大型藻类上。

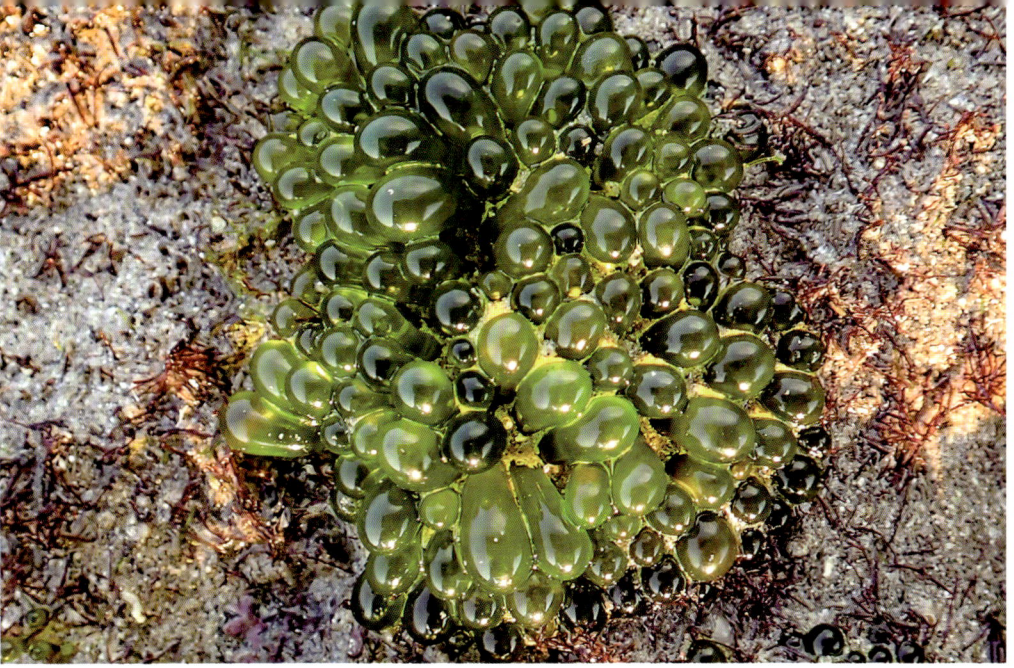

香蕉菜

Boergesenia forbesii (Harvey) Feldmann, 1938

形　　态： 藻体单生或簇生，呈单体囊状。其内部充满液体，上部粗，下部逐渐变细，以丝状假根固着在基底上。藻体高度为 3 ~ 5 cm，直径为 0.7 ~ 2 cm。藻体呈暗绿色、浅绿色、黄绿色或呈透明状。

生活习性： 主要生长在潮间带被沙子覆盖的硬质基底上。

平卧松藻

Codium repens P. Crouan & H. Crouan, 1905

形　态：藻体呈海绵状，匍匐群生，汁液丰富。藻体直径为 2 ~ 4 mm。分枝呈不规则二叉分枝，分枝呈圆柱形或稍扁平，顶端分枝圆钝且短小，固着器呈盘状或皮壳状。藻体呈暗绿色至深绿色。

生活习性：生长在潮间带中低潮带和珊瑚礁区的岩石、礁石及死珊瑚上。

环蠕藻

Neomeris annulata Dickie, 1874

形　　态： 藻体呈棍棒状，直立或弯曲向下，单生或群生。藻体顶端钙化较少，下部钙化严重。藻体高度为 0.8 ~ 4.2 cm，直径为 1 ~ 3 mm。藻体上部呈绿色，下部发白。

生活习性： 生长在潮间带下部到潮下带上部和珊瑚礁区的岩石、礁石及死珊瑚上。

小伞藻

Parvocaulis parvulus (Solms-Laubach) S. Berger, Fettweiss, Gleissberg, Liddle, U. Richter, Sawitzky & Zuccarello, 2003

形　　态：藻体单生或群生，呈伞状，高度为 2 ~ 5 mm，中度钙化。顶部盘状体直径为 1.8 ~ 3 mm，由 14 ~ 18 个配子囊组成；配子囊紧密相接，偶见分离；柄部单条，较短。藻体呈亮绿色。

生活习性：生长在低潮带至潮下带珊瑚礁区的岩石、礁石和死珊瑚上。

被子植物门

卵叶喜盐草

Halophila ovalis (R. Brown) Hooker f., 1858

别名：海蛭藻、卵叶盐藻

形　　态：具细长匍匐茎，节明显，节处长一条不定根和两枚苞片。苞片膜质，透明，呈近圆形、椭圆形或倒卵形，先端微缺，基部呈耳垂状。叶片成对长于苞腋，呈椭圆形或倒卵形，薄膜质，为绿色，有褐色斑纹，透明，全缘波折。叶片顶端呈圆形；基部呈钝形、截形、圆形或楔形；中脉明显；每侧有 11 ～ 15 条横生叶脉；叶柄细长明显。生活时呈绿色或浅绿色。

生活习性：分布在涠洲岛南湾西岸靠近鳄鱼山的近岸浅海砂地，与珊瑚礁毗邻。

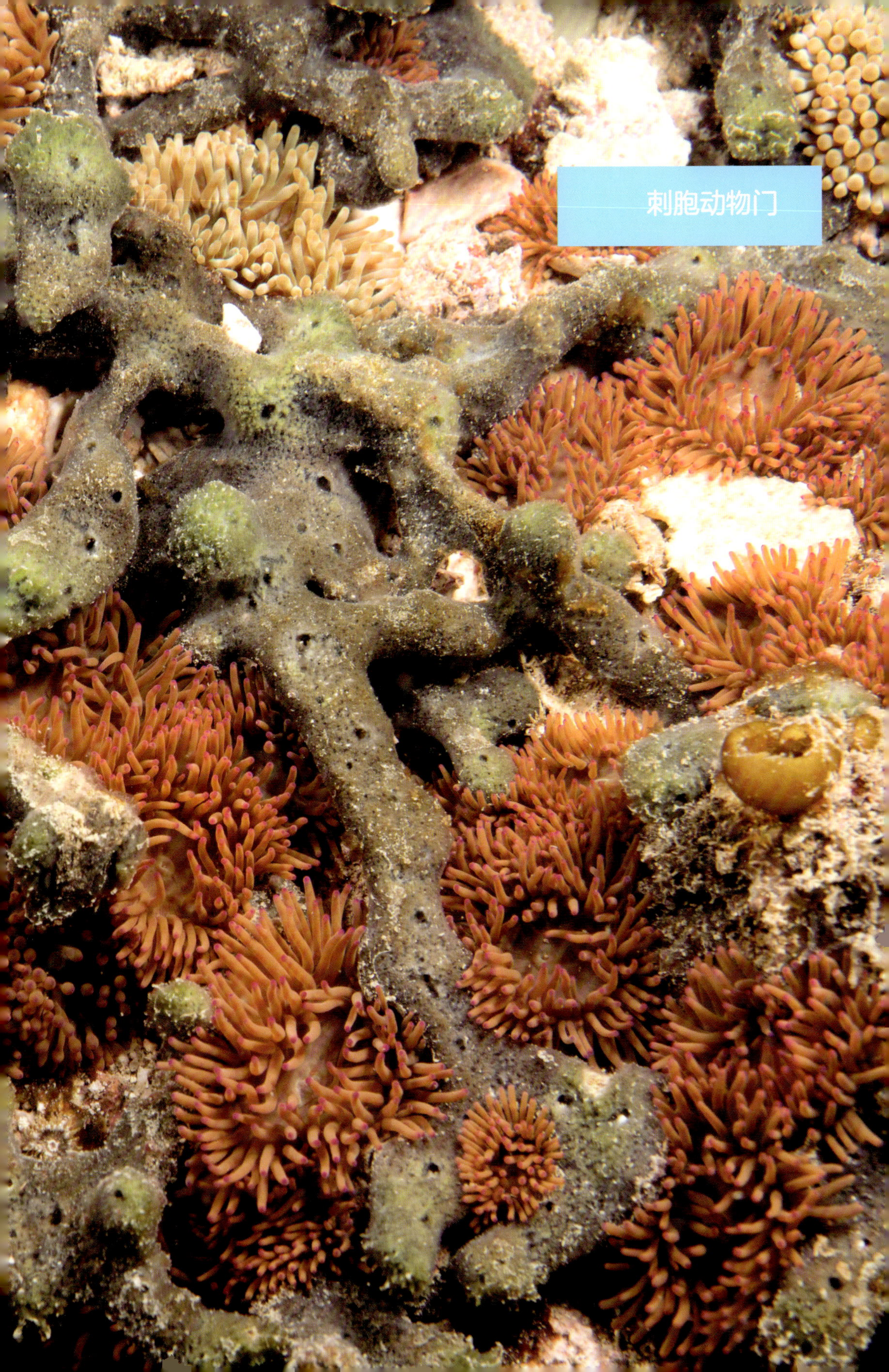

刺胞动物门

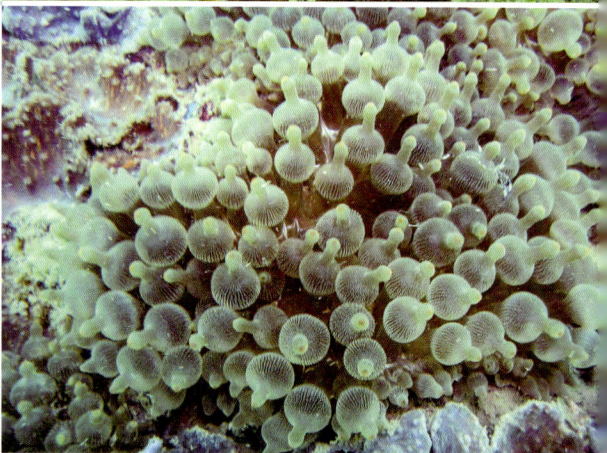

普通黑珊瑚

Antipathes chota Cooper, 1903

形　态：群体具有黑色的中轴骨骼、二叉分枝或不规则分枝。分枝纤细而密集，外形呈树状或灌木状，也有的呈扇形。分枝上密布珊瑚虫。珊瑚虫呈乳白色，触手呈指状，几乎等长。

生活习性：栖息于较阴暗隐蔽的礁石或崖壁底部，常见于水深 20 m 以下。

华鞭黑珊瑚

Cirripathes sinensis Zou & Zhou, 1984

形　态：群体细长，无分枝，具黑色或棕黑色的带刺角质轴。群体形态多变，或长而自然弯曲，不形成螺旋或仅末梢略有螺旋；或除基部一小段直或稍弯曲，其余部分螺旋呈圆圈状。珊瑚虫水螅体的口锥横生或非横生。群体表面有粗糙的突起或光滑，基部、中部、顶端的特征或各有不同。根据外形特征可进行种间区分。

生活习性：栖息于水深 10 ~ 15 m 以下的珊瑚礁斜坡。

樱蕾篷锥海葵

Entacmaea quadricolor (Leuckart in Rüppell & Leuckart, 1828)

别　名：四色篷锥海葵、奶嘴海葵、拳头海葵

形　态：单体，无骨骼，富肉质。口位于口盘中央，周围有奶嘴状触手分布。触手数量为十几个到数十个不等；顶端呈球形、气泡形或梨形；表面粗糙，长满刺细胞用于防御和捕食。基盘用于固着和缓慢移动，可借助触手游泳或翻身。生活时通体呈透明或半透明状，口盘及触手因富集共生藻而呈不透明的浅粉色、绿色等多种颜色。

生活习性：栖息于水流适中、光照充足、水质清澈的珊瑚礁浅水区的珊瑚碎石或岩礁上，环境不适宜时会迁移。

瘤海葵属的一种

Phymanthus sp. 1

形　态：单体，富肉质，独立生长。口盘多为平铺延展，呈扁平圆盘状。触手自口盘外部向四周辐射，呈环状交替分布，与口盘在同一平面或稍向上翘起，末梢细长。触手表面具明显的瘤状刺突，基部较大且密集，末梢较小且稀疏，规则排列在触手两侧，呈花穗状。生活时通体呈棕褐色。

生活习性：栖息于水流适中、光照充足、水质清澈的珊瑚礁浅水区的珊瑚碎石或岩礁上。

瘤海葵属的一种

Phymanthus sp. 2

形　　态：单体，富肉质，独立生长。口位于口盘中央，略凹陷成浅窝状。口盘紧贴附着基质的表面。口盘中部具白色条纹，辐射延伸至触手基部。触手自口盘外部向四周辐射，呈环状交替分布。触手肉质肥厚，呈指状，白色和棕色条纹相间，表面或有少数瘤状刺突。生活时海葵身体表面有黄棕色与白色交替的斑纹。

生活习性：栖息于水流适中、光照充足、水质清澈的珊瑚礁浅水区的珊瑚碎石或岩礁上。

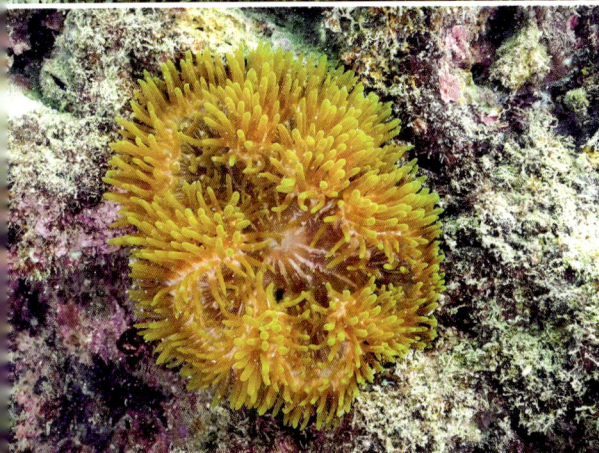

巨型异海葵

Heteractis magnifica (Quoy & Gaimard, 1833)

别　　名：公主海葵、壮丽双辐海葵

形　　态：一般为单体，无骨骼，富肉质，通常多个单体聚集生长。具两个口道沟。海葵体表平滑或有气泡状的突起，突起呈纵横双向排列。体呈圆柱状，呈黄色，并稍隆起，中间具裂缝形口。口周围有数圈触手。触手下部通常为褐色，远端部分颜色多变，最常见为浅棕色。具有特征性的肿大或灯泡状的手指形触手。

生活习性：栖息于浅海的珊瑚礁区内具有较强海流的石缝中。肉食性，以小型鱼类、虾、贻贝、海胆和浮游生物等为食。

紫点双辐海葵

Heteractis crispa (Hemprich & Ehrenberg in Ehrenberg, 1834)

形　　态：一般为单体，无骨骼，富肉质，形似葵花。口位于口盘中央，触手自口盘向四周辐射，一般按 6 和 6 的倍数呈环状排列，互生，内环较粗壮，外环较细小。触手粗短，顶端具小肉突，呈紫色，色泽鲜艳。生活时通体呈红棕色。

生活习性：栖息于软质基底的海底，常见于岩洞、沙地的石头缝隙中或海绵丛中。

异海葵属的一种

Heteractis sp.

形　　态：单体，独立生长。口盘大，富肉质，呈圆盘状，口位于口盘中央。触手呈环状辐射，规则排列于口盘表面及外缘。内环触手较短，外环相对较长。触手基部较粗，而后渐细，顶部钝尖呈白色，整体呈不规则弯曲。生活时通体呈黄褐色或浅棕色。

生活习性：栖息于珊瑚礁区的碎石基质或礁石缝隙。

花群海葵属的一种

Zoanthus sp.

形　　态：群体丛生，具有一短圆柱状水螅体，顶部的口盘呈扁平状，似纽扣。触手位于口盘边缘。因口盘和触手共生藻丰富而呈现不同的颜色，如蓝色、绿色等。

生活习性：栖息于浅海珊瑚礁或岩礁上，有时可见固着于其他无脊椎动物的身体表面。

纽扣珊瑚

Zoanthus pulchellus (Duchassaing & Michelotti, 1860)

别　　名：花群珊瑚

形　　态：单个丛生，营群体生活。单体顶部外形极像纽扣，由口盘和触手组成。口盘及触手收缩时整体呈短圆柱状，顶端膨大具一开口。因体内共生藻丰富而呈现多种颜色，生活时口盘通常呈绿色，触手的颜色通常与口盘不同，呈黄褐色。

生活习性：栖息于浅海珊瑚礁或岩礁上。

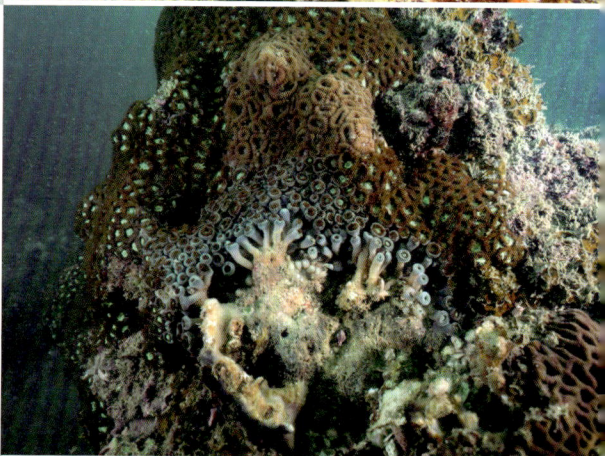

沙群海葵属的一种

Palythoa sp. 1

形　　态：群体丛生，个体排列紧密。水螅体呈短圆柱状，顶部口盘具中央口。口盘中间凹陷，周围向上聚拢，呈圆钵状，外缘具短针形触手，向上辐射延伸。生活时通体呈棕褐色或棕绿色。

生活习性：栖息于珊瑚礁石表面。

沙群海葵属的一种

Palythoa sp. 2

形　　态：群体丛生，个体彼此相接，平铺延展。水螅体呈短圆柱状，顶部口盘较大，肉质，质地柔软。口位于口盘中央，呈短柱状突起，开口近圆形。口盘表面具颗粒状突起，内部颗粒突起密集而无规则堆积，外部颗粒突起呈线形辐射状排列，外缘具一圈短针形小触手。生活时通体呈黄褐色、红棕色。

生活习性：栖息于珊瑚礁石表面。

鞘群海葵属的一种

Epizoanthus sp.

形　　态：群体丛生，一般呈簇状生长。单体具长管鞘，顶部为口盘，呈喇叭状，长形口位于中央。口盘周围为密闭片状连结，表面有隆起脊呈辐射状向外延伸，末端形成锯齿状的触手。触手短而尖。生活时通体呈红棕色或红褐色。

生活习性：栖息于泥砂质基底的珊瑚礁区。

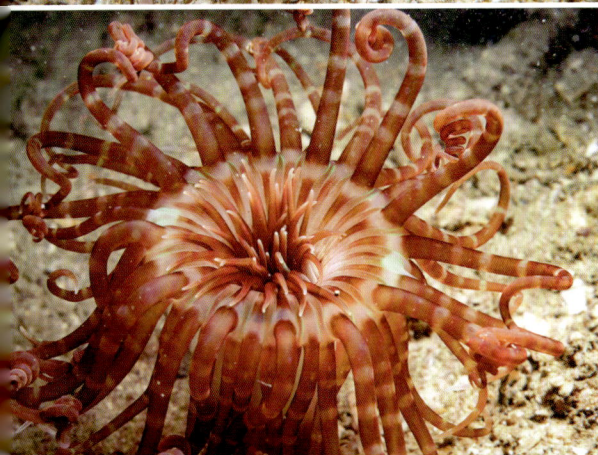

角海葵属的一种

Cerianthus sp. 1

形　　态：单体，独立生长。具粗长管鞘，顶部中央为口盘。口盘周围有触手伸出。触手分两种：位于口盘中间的触手明显较为细短，外围触手则明显较为粗长。触手基部为白色，较粗大，往上逐渐变细，末梢细尖如针，质地十分柔软，自然向下垂。生活时通体呈黄棕色。

生活习性：栖息于泥砂质基底的珊瑚礁区。

角海葵属的一种

Cerianthus sp. 2

形　　态：单体，一般为独立生长。具圆柱形长管鞘，顶部为口盘。口盘周围有肉质触手伸出。触手有两种。位于口盘内的触手明显较为粗短，颜色为单纯的浅褐色；直立延伸不弯曲，顶部钝尖。外围触手明显较粗长，基间间隙为白色或淡黄色，分两轮上下交替生长，向四周辐射延伸；尾部呈螺旋状弯曲，顶端尖细，中间有明显的白色圆环规律分布。

生活习性：栖息于泥砂质基底的珊瑚礁区。

颗粒指形软珊瑚

Sinularia granosa Tixier-Durivault, 1970

形　　态：群体为表覆形，表面有直立短指状或颗粒状分枝。冠部与柱部的分界不明显。指状分枝或连成脉状分枝，表面有许多细小的指状突起。珊瑚虫聚集分布于突起的表面。群体基部会钙化形成礁石。生活时群体较大，呈灰褐色或黄褐色。

生活习性：栖息于海流稍强的礁石表面。

直立指形软珊瑚

Sinularia erecta Tixier-Durivault, 1945

形　态：群体多为团块状，具有短厚的柱部，表面有大量直立的指形分枝。顶部呈盘状，部分联合成脉状。偶见次生分枝，大多为指状或结节状。珊瑚虫短小，密集分布于分枝的表面，呈绿褐色或黄褐色，可完全收缩。珊瑚虫收缩后，表面质地较坚硬。生活时群体较大，呈灰褐色或黄褐色。

生活习性：通常栖息于水深 5～10 m 的海流稍强的珊瑚礁区。

短指形软珊瑚

Sinularia humilis van Ofwegen, 2008

形　态：群体呈不规则表覆状，柱部短，冠部表面布满粗短的指状分枝。每一大分枝的基部有短小的小分枝围绕排列呈团簇状。珊瑚虫密集分布在冠部的分枝表面，柱部无珊瑚虫。生活时群体呈土黄色或棕褐色。

生活习性：栖息于水深5～10 m 的珊瑚礁石表面。

卷曲指形软珊瑚

Sinularia brassica May, 1898

形　态：群体通常呈小型的表覆状，柱部短。冠部表面形态变异非常大，有叶状、脊状或指状隆起。收缩时，边缘的脊略有弯曲，珊瑚体粗糙而坚硬。珊瑚虫大而突出，呈淡黄色，分布不均匀，中间分布稀疏而边缘部较密集。生活时群体呈棕黄色或褐绿色。

生活习性：栖息于珊瑚礁靠近砂质基底的区域。

叶形肉质软珊瑚

Lobophytum sarcophytoides Moser, 1919

形　态：群体呈盘状或团块状，向四周不规则延展。基底肥厚，表面具不规则隆起脊，呈辐射状分布。边缘具开放而稀疏的皱褶。珊瑚虫双型。营养体大而明显，触手伸展时呈褐色，收缩时呈小突起状，分布不均匀；管状体小，数量多，分布在营养体之间。生活时群体呈褐色。

生活习性：栖息于水深 5～10 m 的珊瑚礁平面或斜坡上，十分常见。

杯形肉质软珊瑚

Sarcophyton ehrenbergi von Marenzeller, 1886

形　　态：群体呈花朵状，向外平展延伸，稍向上收拢，中央凹陷呈杯形，外缘边线形成宽大皱褶。冠部比柱部稍宽，两者分界明显。珊瑚虫双型。营养体密集分布在冠部表面，长度可达 1 cm，中间有 0 ～ 3 个管状体。生活时群体呈棕色或棕褐色，珊瑚虫收缩后呈灰色或黄绿色。

生活习性：栖息于水深 5 ～ 10 m 的礁石上。

疏指叶形软珊瑚

Lobophytum pauciflorum (Ehrenberg, 1834)

形　　态：群体较大，呈低矮的皮壳状。冠部呈水平延伸，表面密集分布有小指状突起。突起的高度为 2 ～ 5 cm，基部宽约 1 cm，顶端较基部细。珊瑚虫双型。营养体大而明显，伸展时呈灰白色透明状，收缩时呈突起颗粒状；管状体较小，数量多，在群体中央分布较稀疏，边缘较密集，皆清晰可见。生活时群体呈黄褐色。

生活习性：栖息于水深 5 ～ 10 m 的珊瑚礁石表面或斜坡上，十分常见。

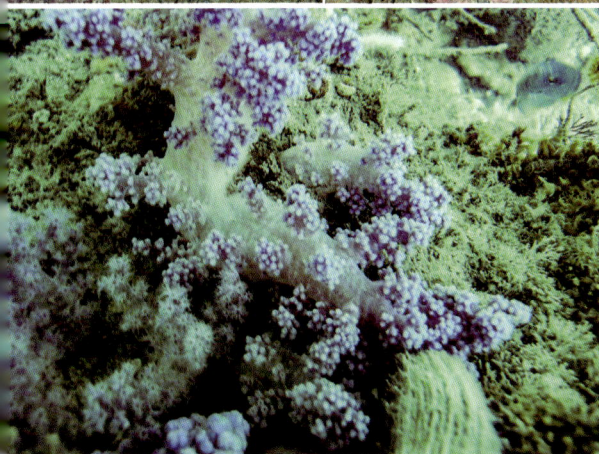

棘穗软珊瑚属的一种

Dendronephthya sp.

形　　态：群体呈灌木状或树状。从基部生出主分枝，向上延伸。分枝均较柔软，具次级小分枝。珊瑚虫单型，不可伸缩，基本不分布在分枝主干处，主要聚集在次级小分枝的顶端，呈柔荑花序状。生活时群体为灰紫色。

生活习性：栖息于水流较弱、水质清澈的浅海礁石上。

玫瑰棘穗软珊瑚

Dendronephthya roemeri Kükenthal, 1911

形　　态：群体呈团簇状。柱部较长，主干呈圆柱形。上部分出许多短小的分枝，簇拥成团，外观呈均匀的球状；近基部的分枝延展呈襟扣状或叶状。珊瑚虫成小群分布在小分枝的顶部。生活时群体颜色多变，柱部大多呈灰白色。

生活习性：栖息于水深 10 m 以下的珊瑚礁斜坡或礁石侧面。

苍白棘穗软珊瑚

Dendronephthya pallida Henderson, 1909

形　　态： 群体呈伞形，柱部短，外观密实，表面呈粗糙颗粒状，并有一些脊和沟。末端分枝多而密集，长度大致相等，群体边缘呈弧形。珊瑚虫 2 ~ 10 只成簇分布于小分枝末端，略呈椭圆形。珊瑚虫为淡黄色，分枝及主干为白色或淡黄色，主干基部为紫红色。

生活习性： 栖息于珊瑚礁靠近砂质基底的区域。

直立柔荑软珊瑚

Litophyton erectum (Kükenthal, 1903)

形　　态： 群体直立，呈树状。主干较大，呈柱形，向上延伸。主干基部的分枝较小；上部的分枝粗大，较柔软，具多个次级小分枝。珊瑚虫单型，不可伸缩；仅分布在次级小分枝的顶端，呈伞房花序状；基本不分布在分枝的主干处。生活时群体为灰白色或米黄色。

生活习性： 栖息于水流较弱、水质清澈的浅海礁石上。

雪花珊瑚属的一种

Carijoa sp.

形　　态： 珊瑚虫生长形式纠结、浓密。珊瑚虫和匍匐茎形成中空的树枝状分枝，珊瑚虫从匍匐茎上萌芽生长，有 8 条纵向沟壑，顶端有一个突出的息肉。息肉所在的萼是管状的，长 3 ~ 5 mm，广泛分布在分枝上。生活时珊瑚虫为白色，可伸缩，靠近基部的珊瑚虫为黄色。

生活习性： 栖息于水流较弱、水质清澈的浅海礁石上。

石花珊瑚属的一种

Telesto sp.

形　　态： 主轴珊瑚虫在基部附近依次衍生侧珊瑚虫，共同形成表覆形群体。群体表面多疣突或形成分枝，常相互嵌合。珊瑚虫及触手皆为鲜白色，柱部通常被橙色或褐色海绵覆盖。生活时主轴呈红褐色。

生活习性： 栖息于水流较弱、水质清澈的浅海礁石上。

粗棒花软珊瑚属的一种

Pachyclavularia sp.

别　　名： 草皮珊瑚、星状珊瑚、满天星珊瑚、丁香、满天星

形　　态： 群体覆盖于礁石表面，呈表覆状。珊瑚虫单型，触手呈绿色或黄绿色，中央口部呈白色而突出。生活时群体呈黄绿或淡绿色，含共生藻。

生活习性： 栖息于水流较弱、水质清澈的浅海礁石上。

蕾二歧灯芯柳珊瑚

Dichotella gemmacea (Milne Edwards & Haime, 1857)

形　　态： 群体呈树枝状，靠近基部处具呈 Y 字形的二分枝。二分枝分别依序有二叉分枝。分枝稀疏，节点不明显，节间较长，从基部到顶端逐渐变细，质地柔软，自然向下弯曲，呈鞭形。珊瑚虫突出而明显，均匀而密集地分布于分枝表面。生活时群体呈灰白色或乳白色。

生活习性： 栖息于水深 10 m 以下的珊瑚礁斜坡的底部。

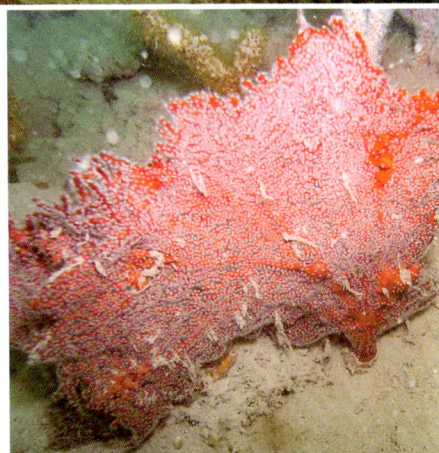

疣状柳珊瑚

Verrucella umbraculum (Ellis & Solander, 1786)

形　　态： 群体呈网状扇形。主分枝从基部开始向上辐射延伸，呈扇形。分枝有疣状结节，分枝比较密集且相互连接。生活群体呈橙黄或红色，珊瑚虫伸展时突出呈白色（右图），烘干标本为橙黄色（左图）。

生活习性： 栖息于水深 10 m 以下的珊瑚礁斜坡或岩壁上。

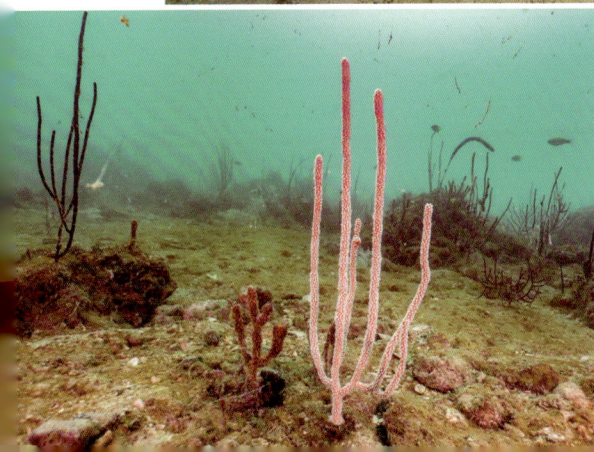

鞭柳珊瑚属的一种

Ellisella sp.

形　　态： 群体由疏松的分枝构成，通常为二叉分枝。主分枝与次分枝的直径相似，皮层共肉厚。珊瑚虫突出，呈白色，密集而均匀地分布于分枝表面。生活时群体呈红色。

生活习性： 栖息于水流较强、水质清澈的浅海礁石上。

蔓柳珊瑚属的一种

Bebryce sp.

形　　态：群体呈平面扇形，分枝不规则。主干及主分枝稍侧扁。珊瑚虫单型，分布于分枝周围，但有集中于两侧的趋势。珊瑚虫收缩会在表面形成锥形突起。生活时群体呈深红或红色，珊瑚虫呈黄色。

生活习性：栖息于水深 10 m 以下的珊瑚礁斜坡。

中华星柳珊瑚

Astrogorgia sinensis (Verrill, 1865)

形　　态：群体呈平面扇形，分枝不规则，通常不互相连接。主干及主分枝稍侧扁，直径约 3 ~ 4 mm。珊瑚虫单型，分布于分枝周围，但有集中于两侧的趋势。珊瑚虫收缩会在表面形成锥形突起，间隔 2 ~ 3 mm。生活时群体呈深红或红色，珊瑚虫呈橘色或白色。

生活习性：栖息于水深 5 ~ 10 m 的珊瑚礁石上。

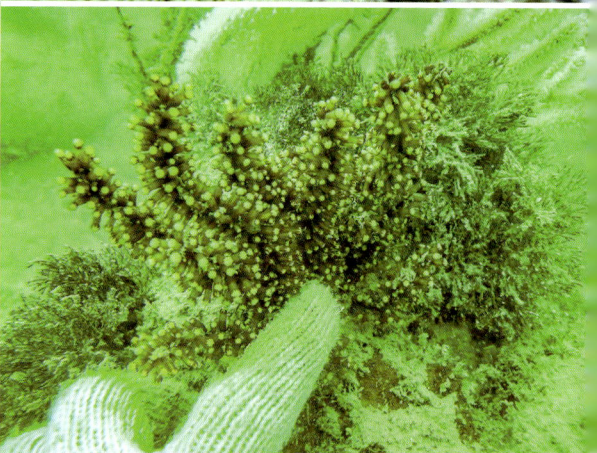

星柳珊瑚属的一种

Astrogorgia sp.

形　　态：群体呈平面扇形，分枝不规则，通常不互相连接。主干及主分枝稍侧扁，直径约 3 ~ 4 mm。珊瑚虫单型，分布于分枝周围，但有集中于两侧的趋势。珊瑚虫收缩会在表面形成锥形突起，间隔 2 ~ 3 mm。生活时群体呈深红或红色，珊瑚虫呈橘色或白色。

生活习性：栖息于水深 5 ~ 10 m 的珊瑚礁石上。

疣突并柳珊瑚

Paracis pustulata (Wright & Studer, 1889)

形　　态：群体较小，高度一般不超过 20 cm。基部扁平延伸，从基部 1 cm 左右处即有分枝，并依序次生分枝。分枝密集，并在同一平面，呈扇形。珊瑚虫呈白色或淡黄色。生活时群体呈鲜红色。

生活习性：生活在水深 10 m 以下的珊瑚礁区。

疏枝刺柳珊瑚

Echinogorgia pseudosassapo Kukenthal, 1919

形　　态：群体具直立二叉分枝，分枝呈圆柱状，较稀疏，共肉组织较厚。主分枝与次分枝大小无明显差别，平行向上延伸。珊瑚虫不能完全伸缩，呈颗粒状刺突，均匀密集地分布在主干及分枝表面。生活时群体呈棕绿色。

生活习性：栖息于珊瑚礁斜坡的岩缝里。

枝刺柳珊瑚

Echinogorgia noumea Grasshoff, 1999

形　　态：群体呈网状扇形，比较规则。主分枝从基部开始生长，向上呈放射状延伸。小分枝由放射状的主分枝上长出，向两侧斜向上生长，末端稍膨大，延展出一平面，呈扇形。群体内部主分枝上的小分枝短小像小刺，外缘的小分枝较长，或有次级小分枝。珊瑚虫单型，均匀分布在群体表面。珊瑚虫可完全收缩，在表面有萼部突起。生活时群体多为红色或咖啡色。

生活习性：栖息于水深 5～15 m 的珊瑚礁石上。

真丛柳珊瑚属的一种

Euplexaura sp.

形　　态：群体呈扇形，分枝从基部开始依序由主干分出。分枝基部与主干交叉近直角；分枝弯曲后向上延伸，与原主枝基本平行。分枝呈近圆柱形，近末端钝圆，稍膨大。珊瑚虫在群体表面分布均匀，部分可完全收缩进凹入的共肉组织中；部分不完全收缩，收缩时在群体表面有明显的孔洞。生活时群体常呈暗红色或紫色。

生活习性：栖息于水深 10 m 以下的珊瑚礁区，常生长在软珊瑚丛的间隙。

长小月柳珊瑚

Menella praelonga (Ridley, 1884)

形　　态：群体不形成网状结构。分枝为二叉分生，呈柳状。分枝较长，厚实柔软，向上延伸，大致分布在同一平面。生活时群体呈深红色或红褐色，伸展的珊瑚虫为白色或淡黄色。

生活习性：栖息于水深 2～12 m 的珊瑚礁石上。

印度小月柳珊瑚

Menella indica Gray, 1870

形　　态：群体呈分枝状，多有小分枝。分枝向上延伸，基本在同一平面，顶端钝圆。分枝与主干直径差异不明显，细而柔软。珊瑚虫单型，为白色，不规则分布在分枝的表面，可完全缩入疣状珊瑚杯内。珊瑚杯口有 8 个尖点。生活时群体呈暗褐色或暗红色。

生活习性：生活在水深 5 ~ 15 m 的珊瑚礁石上。

红小月柳珊瑚

Menlla rubescens Nutting, 1910

形　　态：群体主干及分枝呈细长的圆柱形，大小区分不明显，都有较厚的共肉皮层。分枝为二叉分枝，向上延伸。珊瑚虫单型，为白色，密集分布于主干及分枝表面，不能完全自由收缩。珊瑚杯周围略有突起，开口呈圆形。生活时群体呈红色或紫红色。

生活习性：栖息于水深 15 m 以下的珊瑚礁斜坡。

小月柳珊瑚属的一种

Menlla sp.

形　　态：群体形态多变。分枝细长，多为二叉分生。次生分枝较少。主干中轴骨坚硬，基部皮层薄。分枝顶端皮层厚且膨大、质软。生活时群体呈砖红色、紫色或红褐色。

生活习性：栖息于水深 5 ~ 15 m 的珊瑚礁石上。

中华小尖柳珊瑚

Muricella flexuosa (Verrill, 1865)

形　　态：群体呈长扇形或树叶形，由主干基部分出主分枝，然后依序长出小分枝。小分枝短小，且形态很不规则；分枝骨骼顶端细长呈针尖状。珊瑚虫在小分枝顶端分布比较密集，在主分枝分布较稀疏且可完全收缩，呈锥状或管状突起。生活时群体主干及分枝骨骼呈红紫色，珊瑚虫为白色或淡黄色。

生活习性：栖息于水深 10 m 以下的珊瑚礁斜坡或岩壁上。

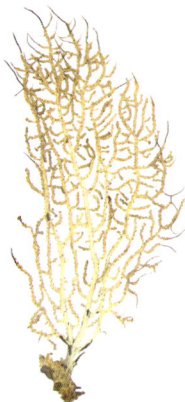

146

叉花柳珊瑚

Anthogorgia divaricate Verrill, 1865

形　态：群体通常呈扇形，由主干分出一系列的分枝。分枝伸展方向不一致，可能相连呈网状扇形。珊瑚虫呈圆管形，高为 3 ~ 4 mm，直径约 1.5 mm，顶端稍大；分布在分枝表面，珊瑚虫不完全收缩。生活时群体常见为蓝色。

生活习性：栖息于水深 10 m 以下海流较强的珊瑚礁石上。

块花柳珊瑚

Anthogorgia bocki (Aurivillius, 1931)

形　态：群体大致呈树形，不规则，从主干基部开始分生。主分枝向上延伸，次分枝与主分枝大小差异明显，均具较厚的共肉皮层。次分枝生长弯曲无规则，长短不一。珊瑚虫呈矮圆柱状；分布在分枝的表面，通常在群体的次分枝及其上部有较多分布，在主分枝和群体基部分布较少。生活时群体呈深红色或红褐色。

生活习性：栖息于水深 10 m 以下海流较强的珊瑚礁石上。

美丽扇柳珊瑚

Melithaea formosa (Nutting, 1911)

别　名：美丽海底柏

形　态：群体呈低矮分枝状，高度一般不大于 20 cm，由多个扇面组成，似柏枝。分枝为二叉连续增生，且大致分布在同一平面上。分枝的各节间基本等长。珊瑚虫主要分布在分枝侧面，伸展的为白色，可完全收缩，珊瑚虫萼部为锥形突起，沿分枝纵向排列。生活时群体呈深红色或橙红色，珊瑚虫伸展时为白色。

生活习性：通常栖息在海流较强的礁石边缘。

Lobataria 属的一种 *Lobataria* sp.

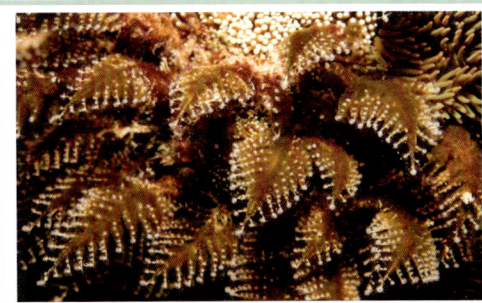

双列笔螅水母 *Pennaria disticha* Goldfuss, 1820

大刺羽螅属的一种 *Macrorhynchia* sp.

宽水母属的一种 *Versuriga* sp.

黄斑海蜇 *Rhopilema hispidum* (Vanhöffen, 1888)

白色霞水母 *Cyanea nozakii* Kishinouye, 1891

中华海刺水母 *Chrysaora chinensis* Vanhöffen, 1888

砂皮海绵属的一种 *Chondrilla* sp.

Spheciospongia 属的一种 *Spheciospongia* sp.

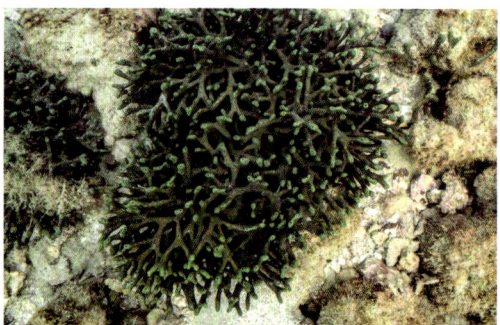

等格蜂海绵 *Haliclona (Reniera) cinerea* (Grant, 1826)

蒴萝蜂海绵 *Haliclona (Gellius) cymaeformi* (Esper, 1806)

蜂海绵属的一种 *Haliclona* sp.

网结海绵属的一种 *Gelliodes* sp.

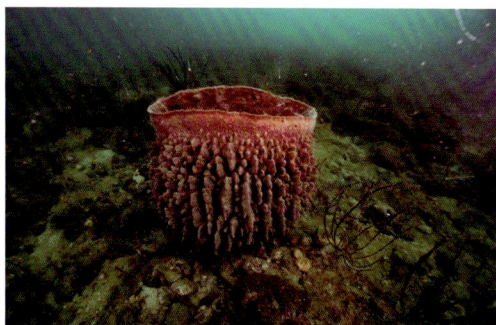

桶状海绵 *Xestospongia testudinaria* (Lamarck, 1815)

角骨海绵科的一种 Spongiidae und.

羊海绵属的一种 *Ircina* sp.

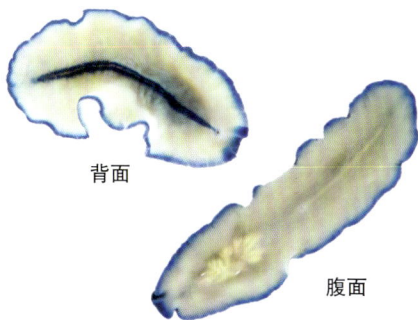

背面

腹面

蓝带伪角涡虫

Pseudoceros concinnus (Collingwood, 1876)

形　　态：体呈乳白色或米黄色，外缘裙边具宽的蓝带；背部中央具两条深蓝色线条，中间分离两端融合，蓝色向两侧晕染；腹面色泽较深，为黄灰色，且后端的中间位置具一白色细带。假触须为深蓝色。

Pseudoceros flavomarginatus Laidlaw, 1902

形　　态：体呈黑褐色，外缘褐边为灰白色具淡黄色的细线包边；背部具少量白色斑点。假触须为黑褐色，具黄色外缘。

Pseudoceros indicus Newman & Schupp, 2002

形　　态：体呈乳白色或米黄色，外缘裙边为蓝紫色条带；背部光滑，中后端的中间位置可见一条白线。

Pseudobiceros cf. *murinus* Newman & Cannon, 1997

形　　态：体形大。体表背面呈黑褐色，具大量白色和黑色斑点；中部是由淡黄色和褐色斑纹及黑色斑点组成的宽纵带贯穿头尾，但与两侧无明显界限；具狭窄的淡黄色外缘裙边，由黄色斑点排列组成。

Pseudobiceros 属的一种

Pseudobiceros sp.1

形　　态：体呈规则履状。体色由米黄色、粉红色、紫色组成；背部中央呈粉红色，具白色的米粒状斑纹，向四周晕染过渡为米黄色；边缘裙带处排列有一圈规则的念珠状紫色斑点。

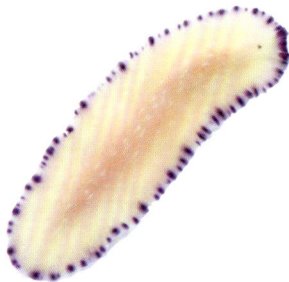

Pseudobiceros 属的一种

Pseudobiceros sp. 2

形　　态：体呈卵圆形。体呈黑褐色；背部具大量白色卵圆形斑点；体四周有若干白色长条斑纹放射状延伸至边缘；边缘最外缘排列有一圈白斑，往内为橘黄色条纹。

Acanthozoon 属的一种

Acanthozoon sp.

形　　态：体呈叶片状。身体背部呈暗褐色，具灰白色波浪状边缘；背部密集分布橘黄色小而圆斑点，中间有白色大斑点分布。
生活习性：以海鞘为食。

平角涡虫属的一种

Planocera sp.

形　　态：体呈灰色，体表光滑。背中部色泽较浅，具灰色小斑点；两侧较深；外缘呈乳白色。

Prosthiostomum torquatum Tsuyuki, Oya & Kajihara, 2019

形　　态：体扁长，前缘呈圆形，后缘略变尖。无嗅角，背部光滑。体表具大量橙色大斑疹和小蓝点；背部脑眼点前具一深棕色横带；背中部的两侧有深棕色色素聚集，由前往后逐渐变少。体缘和腹表面透明。

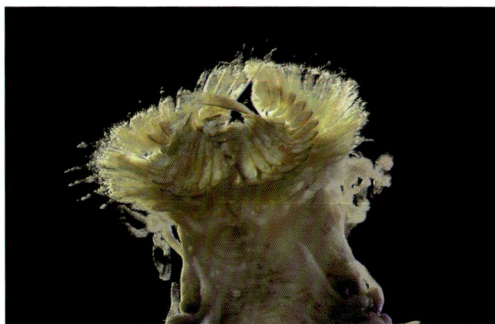

佛州帚毛虫 *Sabellaria floridensis* Hartman, 1944

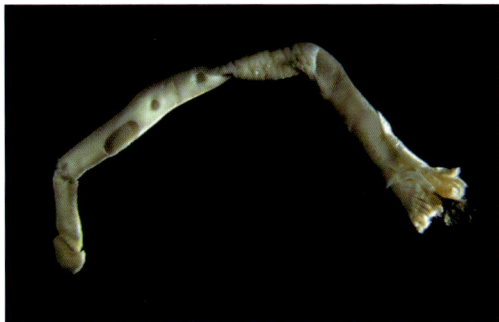

突出盘管虫 *Hydroides minax* (Grube, 1878)

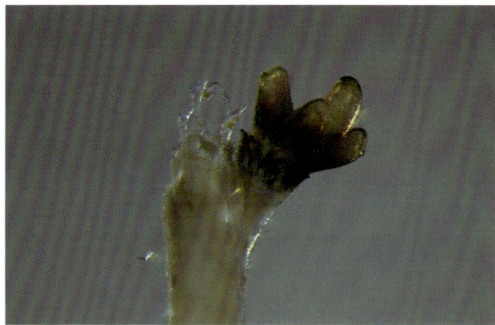

管壳盘管虫 *Hydroides tuberculate* Imajima, 1976

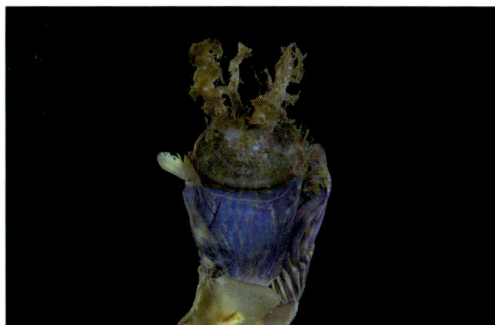

四脊旋鳃虫 *Spirobranchus tetraceros* (Schmarda, 1861)

环节动物门 多毛纲
帚毛虫科帚毛虫属

环节动物门 多毛纲 缨鳃虫目
龙介虫科盘管虫属

环节动物门 多毛纲 缨鳃虫目
龙介虫科盘管虫属

环节动物门 多毛纲 缨鳃虫目
龙介虫科旋鳃虫属

异眼麦缨虫 *Acromegalomma heterops* (Perkins, 1984)

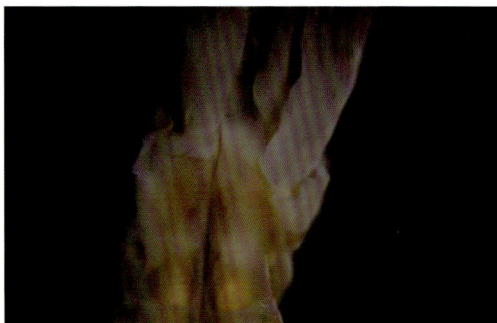

埃氏伪刺缨虫 *Pseudopotamilla saxicava* (Quatrefages, 1866)

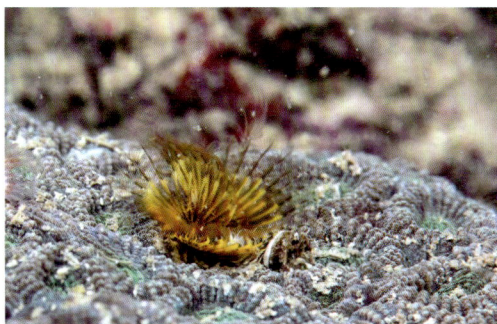

光缨虫属的一种 *Sabellastarte* sp.1

光缨虫属的一种 *Sabellastarte* sp.2

有盾扇虫 *Daylithos parmatus* (Grube, 1877)
旧名：有盾海扇虫

柯氏矶沙蚕 *Eunice collini* Augener, 1906

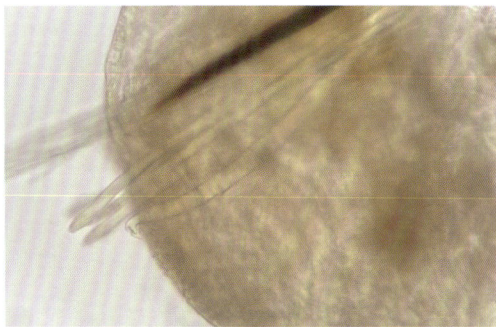

海南矶沙蚕 *Eunice hainanensis* Wu, Sun, Liu & Xu, 2013

襟松虫 *Lysidice ninetta* Audouin & H Milne Edwards, 1833

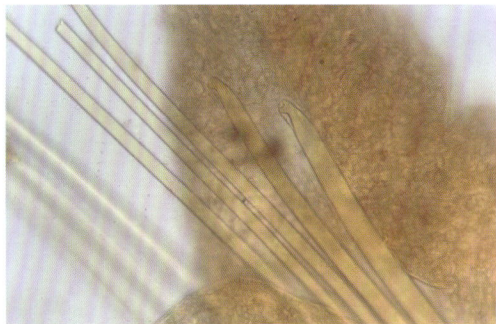

灿烂扁须虫 *Oenone fulgida* (Lamarck, 1818)

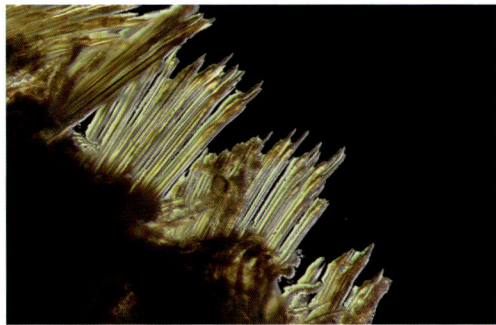

隆线背鳞虫 *Lepidonotus carinulatus* (Grube, 1870)

隐头卷虫 *Bhawania goodei* Webster, 1884

白围巧言虫 *Eumida albopicta* (Marenzeller, 1879)

羽须虫 *Pterocirrus macroceros* (Grube, 1860)

短须角沙蚕 *Ceratonereis (Composetia) costae* (Grube, 1840)

角沙蚕 *Ceratonereis mirabilis* Kinberg, 1865

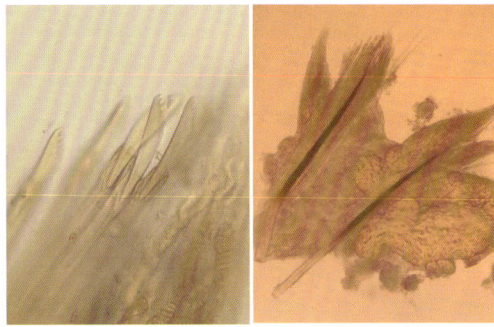

突齿沙蚕 *Leonnates indicus* Kinberg, 1865

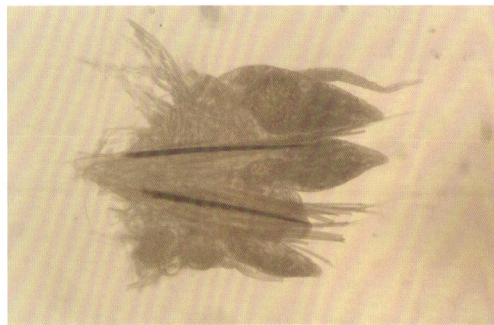

色斑刺沙蚕 *Neanthes maculate* Wu, Sun & Yang, 1981

齐齿沙蚕 *Nereis nichollsi* Kott, 1951

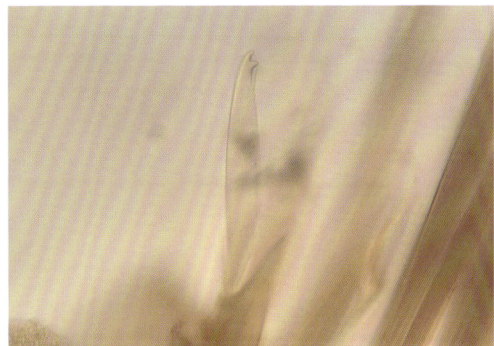

海结虫 *Leocrates chinensis* Kinberg, 1866

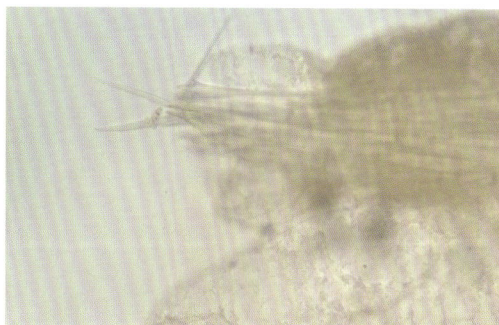

红带齿裂虫 *Odontosyllis rubrofasciata* Grube, 1878

带形条钻穿裂虫 *Trypanosyllis (Trypanedenta) taeniaformis* (Haswell, 1886)

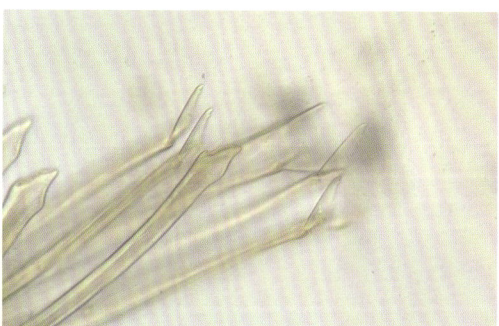

轮替模裂虫 *Syllis alternata* Moore, 1908

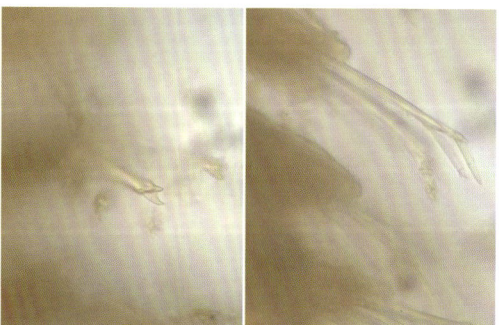

似环模裂虫 *Syllis armillaris* (O.F. Müller, 1776)

杂色模裂虫 *Syllis variegate* Grube, 1860

星虫动物门

厥目革囊星虫 *Phascolosoma (Phascolosoma) scolops* (Selenka & de Man, 1883)

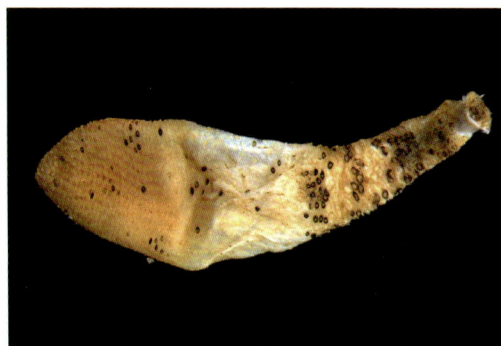

变异革囊星虫 *Phascolosoma varians* Keferstein, 1865

眼形隐板石鳖

Cryptoplax oculata (Quoy & Gaimard, 1835)

琉球花棘石鳖

Acanthopleura loochooana (Broderip & G. B. Sowerby I, 1829)

朝鲜鳞带石鳖

Lepidozona coreanica (Reeve, 1847)

孔蝛属的一种

Diodora sp.

蒂考孔蝛

Diodora ticaonica (Reeve, 1850)

凹缘蝛属的一种

Emarginula sp.1

凹缘蝛属的一种

Emarginula sp.2

隙蝛属的一种

Montfortista sp.

中华楯螆

Scutus sinensis (Blainville, 1825)

嫁螆

Cellana toreuma (Reeve, 1854)

鸟爪拟帽贝

Patelloida saccharina (Linnaeus, 1758)

拟帽贝属的一种

Patelloida sp.

塔形扭柱螺

Tectus pyramis (Born, 1778)

马蹄螺

Trochus maculatus Linnaeus, 1758

刺马蹄螺

Trochus histrio Reeve, 1842

褶条马蹄螺

Trochus sacellum Philippi, 1851

齿隐螺
Clanculus denticulatus (Gray, 1826)

Clanculus bronni (Dunker, 1860)

单齿螺
Monodonta labio (Linnaeus, 1758)

蜎螺
Umbonium vestiarium (Linnaeus, 1758)

螺旋广口螺
Stomatolina rubra (Lamarck, 1822)

希望丽口螺
Calliostoma spesa J.-L. Zhang, P. Wei & S.-P. Zhang, 2018

Collonista granulosa (Pease, 1868)

海豚螺
Angaria delphinus (Linnaeus, 1758)

节蝾螺
Turbo bruneus (Röding, 1798)

粒花冠小月螺
Lunella granulata (Gmelin, 1791)

渔舟蜑螺
Nerita albicilla Linnaeus, 1758

奥莱彩螺
Clithon oualaniense (Lesson, 1831)

齿舌拟蜑螺
Neritopsis radula (Linnaeus, 1758)

花琴钟螺
Hybochelus cancellatus (Krauss, 1848)

梯螺属的一种
Epitonium sp.

带锥螺

Turritella cingulifera G. B. Sowerby I, 1825

平轴螺

Planaxis sulcatus (Born, 1778)

疣滩栖螺

Batillaria sordida (Gmelin, 1791)

蕾丝蟹守螺

Cerithium dialeucum Philippi, 1849

花托蟹守螺

Cerithium torresi E. A. Smith, 1884

阶梯蟹守螺

Cerithium novaehollandiae G. B. Sowerby II, 1855

中华锉棒螺

Rhinoclavis sinensis (Gmelin, 1791)

石楯桑椹螺

Clypeomorus petrosa (Pilsbry, 1901)

纺锤三口螺
Coriophora fusca (Dunker, 1860)

爪哇窦螺
Sinum javanicum (Gray, 1834)

齿纹凹梭螺
Crenavolva striatula (G. B. Sowerby I, 1828)

粒蝌蚪螺
Gyrineum natator (Röding, 1798)

毛嵌线螺
Monoplex pilearis (Linnaeus, 1758)

习见赤蛙螺
Bufonaria rana (Linnaeus, 1758)

铁斑凤螺
Canarium urceus (Linnaeus, 1758)

强缘凤螺
Neodilatilabrum robustum (G. B. Sowerby III, 1875)

带凤螺
Doxander vittatus (Linnaeus, 1758)

虎斑宝贝
Cypraea tigris Linnaeus, 1758

阿文绶贝
Mauritia arabica (Linnaeus, 1758)

黍斑眼球贝
Naria miliaris (Gmelin, 1791)

蛇首眼球贝
Monetaria caputserpentis (Linnaeus, 1758)

细焦掌贝
Purpuradusta gracilis (Gaskoin, 1849)

拟枣贝
Erronea errones (Linnaeus, 1758)

卵黄宝螺
Lyncina vitellus (Linnaeus, 1758)

硬结金星爱神螺

Hespererato scabriuscula (Gray, 1832)

双沟鬘螺

Semicassis bisulcatum (Schubert & J. A. Wagner, 1829)

真鹑螺属的一种

Eudolium sp.

白带琵琶螺

Ficus ficus (Linnaeus, 1758)

网纹扭螺

Distorsio reticularis (Linnaeus, 1758)

波纹拟滨螺

Littoraria undulata (Gray, 1839)

绷带腹螺

Stosicia annulata (Dunker, 1860)

光螺属的一种

Melanella sp.

白瓷光螺
Melanella bowdic

梨红螺
Rapana rapiformis (Born, 1778)

红螺
Rapana bezoar (Linnaeus, 1767)

浅缝骨螺
Murex trapa Röding, 1798

焦棘螺
Chicoreus torrefactus (G. B. Sowerby II, 1841)

褐棘螺
Chicoreus brunneus (Link, 1807)

亚洲棘螺
Chicoreus asianus Kuroda, 1942

黄口荔枝螺
Reishia luteostoma (Holten, 1802)

刺荔枝螺

Mancinella echinata (Blainville, 1832)

多皱荔枝螺

Indothais sacellum (Gmelin, 1791)

爪哇荔枝螺

Indothais javanica (Philippi, 1848)

镶珠结螺

Tenguella musiva (Kiener, 1835)

棘优美结螺

Morula spinosa (H. Adams & A. Adams, 1853)

珠母小核果螺

Drupella margariticola (Broderip, 1833)

环珠小核果螺

Drupella rugosa (Born, 1778)

爱尔螺

Ergalatax contracta (Reeve, 1846)

迟奥兰螺

Orania serotina (A. Adams, 1853)

结节龟核螺

Pardalinops testudinaria (Link, 1807)

波纹甲虫螺

Pollia undosa (Linnaeus, 1758)

环唇齿螺

Engina armillata (Reeve, 1846)

细角螺

Brunneifusus ternatanus (Gmelin, 1791)

金黄织纹螺

Reticunassa paupera (Gould, 1850)

粗肋织纹螺

Nassarius nodiferus (Powys, 1835)

西格织纹螺

Nassarius siquijorensis (A. Adams, 1852)

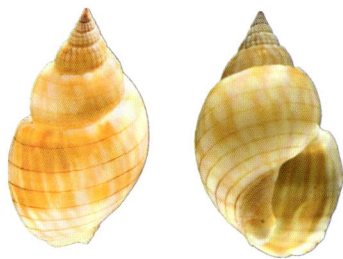

橡子织纹螺

Nassarius glans (Linnaeus, 1758)

亮螺

Phos senticosus (Linnaeus, 1758)

齿纹花生螺

Pterygia crenulata (Gmelin, 1791)

沟纹假星云笔螺

Pseudonebularia proscissa (Reeve, 1844)

金笔螺

Strigatella aurantia (Gmelin, 1791)

圆点焰笔螺

Strigatella scutulata (Gmelin, 1791)

瓜螺

Melo melo ([Lightfoot], 1786)

中华衲螺

Merica sinensis (Reeve, 1856)

织锦芋螺

Conus textile Linnaeus, 1758

沟芋螺

Conus sulcatus Hwass, 1792

光谱芋螺

Conus spectrum Linnaeus, 1758

独特芋螺

Conus caracteristicus Fischer von Waldheim, 1807

尖角芋螺

Conus acutangulus Lamarck, 1810

玛瑙芋螺

Conus achatinus Gmelin, 1791

猫耳螺

Otopleura auriscati (Holten, 1802)

三肋愚螺

Amathina tricarinata (Linnaeus, 1767)

黑纹斑捻螺

Punctacteon yamamurae Habe, 1976

纪伊圆卷螺

Volvatella ayakii Hamatani, 1972

形　态：体呈圆筒状，尾呈圆锥形，钝尖。体色为不透明的乳白色或米黄色；背中部粗圆，为米黄色，具白色交叉的纤细网纹；头部为不透明乳白色，可见大量白色颗粒。嗅角短粗，顶端钝尖。触角一对，可向前延伸。

海天牛属的一种

Elysia sp.1

形　态：体细长，尾部渐尖。体表粗糙，密布黑色或褐绿色的斑点，具不规则凸起颗粒；具皱折副翼，其外缘与体表颜色一致，均为浅绿色至米黄色或褐色。嗅角一对，与体表特征一致。

海天牛属的一种

Elysia sp.2

形　态：体细长，尾部钝尖；两侧翼展开时体中部膨大，两端小。体表较光滑，呈米黄色或黄绿色；头部两侧和中间各有一条深绿色短纵带，与侧翼边缘深色带颜色一致；侧翼颜色较深，边缘具规则的白色斑点；背部中间颜色较浅，呈浅绿色。嗅角一对，从基部到顶端颜色由浅绿色渐变为乳白色。

阿尔戈斯海兔

Aplysia argus Rüppell & Leuckart, 1830

形　　态：体肥厚，体长可达 20 cm。体呈黄褐色，有大量黑色指纹状斑点。皱折的副翼常在背部保持闭合。头触角和嗅角有类似斑马纹的花纹。

杂斑海兔

Aplysia juliana Quoy & Gaimard, 1832

形　　态：体呈棕褐色或红褐色，体表有连成片状的褐色斑纹，常带有白色斑点，外缘尤为明显。

生活习性：副足后部可作为吸盘，使其前端抬起延伸身体往前移动。受刺激时会分泌白色无害的体液呈云雾状。

黑斑海兔

Aplysia kurodai (Baba, 1937)

形　　态：体肥厚而大，体长可达 40 cm。体呈深褐色或紫黑色，体表有白色斑点和绒毛状斑块。副足前后分离。

生活习性：可分泌紫色和白色的汁液。通常见于潮间带和浅水区。

蓝斑背肛海兔

Bursatella leachii Blainville, 1817

形　　态：体形大。体呈灰褐色，有大而明显的眼珠状蓝色圆斑和细小的黑斑，蓝色圆斑外围有一圈黑色或黄褐色圆纹。体表具许多树状疣突，其基部布满黑斑，上部分枝通常呈树枝状。

生活习性：以蓝藻、丝藻和褐丝藻等为食，遇到危险会吐出紫色的毒液。

桔黄裸海牛

Gymnodoris citrina (Bergh, 1877)

形　　态：体呈橘黄色；背部有大小形状不等的橘红色疣突；嗅角呈片状，为橘红色；鳃枝为橘黄色，围绕形成一个完整的圆圈。

无饰裸海牛

Gymnodoris inornate (Bergh, 1880)

别　　名：无饰多角海蛞蝓

形　　态：体色多变，从半透明的黄色到深红、橙色不等；背部有稍微隆起的深色疣突；嗅角片状，颜色深于体色。鳃枝围绕形成一个完整的圆圈。

裸海牛属的一种

Gymnodoris sp.

形　　态：体细长。体呈半透明白色或米黄色；体表较光滑，背部有少量白色疣突和散在的橙色斑点；鳃和嗅角为半透明的白色，嗅角顶端为橘黄色。鳃枝围绕形成一个完整的圆圈。

红枝鳃海牛

Dendrodoris fumata (Rüppell & Leuckart, 1830)

形　　态：体形大。体呈短椭圆形。会根据不同环境呈现不同体色，如粉红色、红色或红棕色；体表背中部隆起，色泽较深，具大量不规则褐色斑纹；鳃枝为红棕色；嗅角短圆柱状，呈红棕色，具褐色顶端。

芽枝鳃海牛

Dendrodoris krusensternii (Gray, 1850)

形　态：体呈长椭圆形，体形大。呈乳白色，体表具分散的棕色或白色大疣突，疣突之间有两排棕色斑块，带有明亮的蓝色斑点；鳃为半透明的白色，边缘为棕色；嗅角呈棕色，具白色尖端。

薄荷盘海牛

Discodoris boholiensis Bergh, 1877

形　态：体形大。呈棕色，带有黑白斑点和白色线条；外套膜边缘裙部相当平坦，背中部有中央隆起；嗅角片状，为棕色；鳃为半透明的白色，有棕色的边缘。
生活习性：以海绵为食。

海绵盘海牛

Atagema spongiosa (Kelaart, 1858)

形　态：体呈长卵圆形，体形大。常呈浅蓝色或棕黄色，体表有深的黑色凹坑对称分布，形似海绵。鳃为近米灰色。
生活习性：以海绵为食。

污斑盘海牛

Tayuva lilacina (A. Gould, 1852)

别　名：紫丁香盘海牛
形　态：体呈卵圆形。呈浅棕褐色，背面布满大小不等的褐色小疣突，形如污斑；鳃和嗅角均为褐色，鳃枝外缘为乳白色；腹面的腹足具一条明显的中线，由褐色小斑点排列形成。

软体动物门 腹足纲 裸鳃目
枝鳃海牛科 枝鳃海牛属

软体动物门 腹足纲 裸鳃目
盘海牛科 *Discodoris* 属

软体动物门 腹足纲 裸鳃目
盘海牛科 *Atagema* 属

软体动物门 腹足纲 裸鳃目
盘海牛科 *Tayuva* 属

纤细盘海牛

Sebadoris fragilis (Alder & Hancock, 1864)

形　　态：体细长。体呈棕色或褐色；背部斑点似豹纹，为棕褐色，与栖息环境十分融合，因此难以被发现；嗅角细长，为棕黄色；鳃为浅灰色或棕黄色，鳃枝外缘具白色条带。

幼体

云型盘海牛

Platydoris ellioti (Alder & Hancock, 1864)

形　　态：体呈椭圆形。体呈橘红色或红褐色。背部表面粗糙，具绒毛状疣突，有大量黑色或褐色斑点；嗅角为橘黄色，基部凹陷成嗅角鞘；鳃基部凹陷，为橘黄色，鳃枝为棕黄色，上有黑色小斑点；腹面为橘黄色或红褐色，腹足外围围绕有一圈黑色大圆点。

叉棘海牛属的一种

Rostanga sp.

形　　态：体呈椭圆形。体呈黄褐色或橘红色，外套膜体的背部中央具白色斑块，外缘具白色小斑点；嗅角为棕褐色，基部色浅，顶部色深；鳃为棕黄色，鳃枝外缘为白色。

Carminodoris cf. *nodulosa*

形　　态：体呈椭圆形。体呈斑驳的棕色。背部表面具密集的圆形疣突，背部中间有深棕色斑块。嗅角色泽较体色浅。鳃为棕色，鳃枝外缘为棕黄色。腹面及腹足侧面具不规则的褐色斑纹。

生活习性：栖息于潮间带的礁石上。

乳突车轮海牛

Actinocyclus papillatus (Bergh, 1878)

形　态：体呈卵圆形。体色复杂鲜艳，由棕黄色、紫色、粉红色、灰白色组成。体表背部大部为棕黄色或棕色，有小白点；体表具大量锥形疣突，从基部到顶端逐渐由棕黄色过渡到紫色；体表外缘为粉红色或紫红色；嗅角较短小，为棕黄色；鳃被疣突包围，鳃枝短粗，具灰白色小点，规则地形成一圆圈。

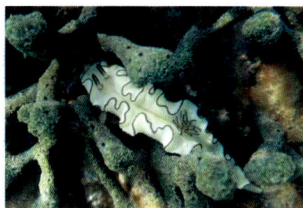

黑边棱彩海牛

Doriprismatica atromarginata (Cuvier, 1804)

形　态：身体细长，两侧向上高耸。体呈乳黄色到淡棕色不等，身体边缘有高度起伏的黑色线条；鳃和嗅角为深棕色，鳃枝针状向上辐射。

生活习性：喜成群聚集，以海绵为食。

条纹多彩海牛

Chromodoris lineolate (van Hasselt, 1824)

形　态：体细长。体表的底色为棕褐色，具宽的橙黄色边缘，边缘往背中部分布有3～4条白色细线圈，背部具若干白色纵线；鳃为黄褐色，布满白色斑点；嗅角呈短圆柱状，基部为褐色，上部为橙黄色，且有白色小斑点。

生活习性：栖息于珊瑚礁中，以海绵为食。

隆线多彩海牛

Goniobranchus tumuliferus (Collingwood, 1881)

形　态：体大呈宽卵形。体呈微黄，边缘带具隆起的橘黄色疣突线圈，最外缘为浅蓝色或白色；背部为米黄色，具若干深紫色圆形大斑点；鳃和嗅角为半透明的黄褐色。

生活习性：栖息于珊瑚礁中，以海绵为食。

糖果高海牛

Hypselodoris confetti Gosliner & R. F. Johnson, 2018

形　态：体呈米黄色或乳白色；体表分布有大量橘黄色圆形疣突，疣突中间夹杂着黑色斑点；身体外缘分布有蓝紫色斑点；鳃为米黄色，鳃枝上有橘黄色斑点；嗅角为黑色。

生活习性：栖息于浅礁。

蓝斑高海牛

Hypselodoris placida (Baba, 1949)

形　态：背部隆起，较圆润。体呈灰褐色，体表分布有稀疏的蓝黑色大圆点，背中部有小白斑点；体两侧有蓝紫色大斑块，下缘为浅黄色；嗅角细长，为灰白色，顶端为黄色；鳃枝为灰白色，表层带有黄色。

环纹叶海牛

Phyllidiella annulata (Gray, 1853)

形　态：体长，体形相对较小，呈椭圆形。体表底色为黑色；体表背部有带绒毛的粉红色结节突起，由黑色被膜分割成独立块状，其中具白色独立的小乳突；嗅角为棕黑色。

生活习性：以海绵为食。

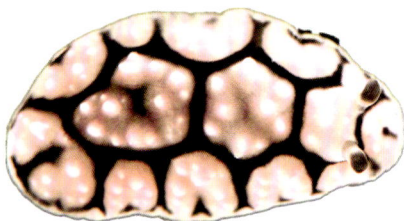

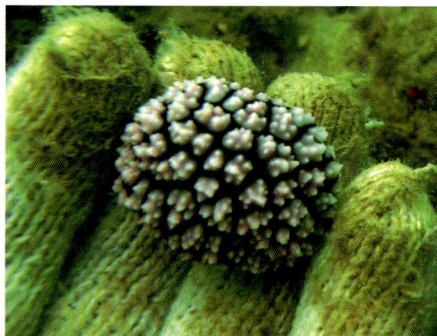

丘凸叶海牛

Phyllidiella pustulosa (Cuvier, 1804)

形　态：体呈长卵形。体表底色为黑色，颜色变化很大，很容易与亲缘较近的物种混淆；体表背部有粉红色、绿色或淡白色的复合隆起结节簇生排列；体表最外层有淡粉色的边缘；嗅角为黑色。

生活习性：以海绵为食。

眼斑叶海牛

Phyllidia ocellata Cuvier, 1804

形　　态：体呈长卵圆形。体表由黄、黑、白三种颜色组成，黄色为底色；体表具许多大小不一的圆锥形或圆形疣突，多为白色，其基部围绕有黑色环纹和白色环纹；鳃为深灰色；嗅角为灰色，顶端为黄色。

生活习性：以海绵为食。

华丽崔坦海牛

Tritoniopsis elegans (Audouin, 1826)

别　　名：华丽崔坦海蛞蝓

形　　态：体形相对较大，体呈半透明的白色，带有不透明的白色斑纹；体表背部表面光滑。副鳃高度分枝，紧密排列。

生活习性：以软珊瑚为食。

片鳃属的一种

Armina sp.

形　　态：体呈黑褐色，背部有白色纵向脊；头被膜为黑褐色，具白色边缘和若干白色乳突；嗅角为黑褐色，顶端为乳白色。

生活习性：栖息于潮下砂质沉积物中。常在夜间活动。以海笔为食。

高重扇羽海牛

Samla takashigei Korshunova, et al., 2017

别　　名：高氏扇鳃海蛞蝓

形　　态：身体细长，呈不透明的乳白色；露鳃近顶部为橙色；嗅角呈片状，局部呈浅黄色，顶端为橙黄色；口触须为不透明的白色，顶端扁平。

生活习性：栖息于潮间带和珊瑚礁。以水螅虫为食。

军舰菲地鳃

Phidiana militaris (Alder & Hancock, 1864)

形　　态：体细长，尾部渐尖；体色多变，从半透明的乳白色到橘黄色不等；背部中央具橘黄色纵向粗线，往前端延伸至嗅角中部；头部两侧各有一条橘黄色细线，延伸至嗅角中部；嗅角基部到中部为乳白色，具橘黄色粗线，末端逐渐过渡为浅黄色；口触须细长、渐尖；露鳃颜色丰富，由褐色、橘黄色、蓝紫色、黄色组成，末端逐渐过渡为黄色。

新加坡尖耳螺

Melampus sincaporensis L. Pfeiffer, 1855

蛛形菊花螺

Siphonaria sirius Pilsbry, 1894

密鳞菊花螺

Siphonaria floslamellosa G. Zang, J. Wang, P. Ma, C. Li, Y. Chen, Z. Tang & H. Wang, 2025

紫色疣石磺

Peronia verruculata (Cuvier, 1830)

榛蚶

Lamarcka avellana (Lamarck, 1819)

舟蚶

Arca navicularis Bruguière, 1789

青蚶

Barbatia obliquata (Wood, 1828)

布纹蚶

Barbatia decussata (G. B. Sowerby I, 1833)

棕蚶

Barbatia amygdalumtostum (Röding, 1798)

褶白蚶

Acar plicata (Dillwyn, 1817)

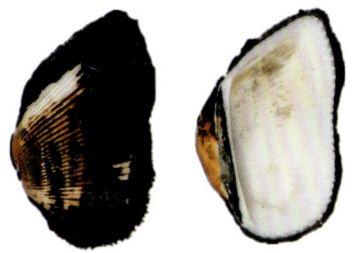

夹粗饰蚶

Anadara vellicata (Reeve, 1844)

不等壳粗饰蚶

Anadara inaequivalvis (Bruguière, 1789)

密肋粗饰蚶

Anadara crassicostata (H. Adams, 1873)

半扭蚶

Trisidos semitorta (Lamarck, 1819)

粒帽蚶
Cucullaea labiata ([Lightfoot], 1786)

翡翠股贻贝
Perna viridis (Linnaeus, 1758)

隔贻贝
Septifer bilocularis (Linnaeus, 1758)

美丽隔贻贝
Septifer cumingii Récluz, 1849

曲线索贻贝
Brachidontes mutabilis (Gould, 1861)

短齿蛤属的一种
Brachidontes sp.

珊瑚绒贻贝
Gregariella coralliophaga (Gmelin, 1791)

光石蛏
Lithophaga teres (Philippi, 1848)

金石蛏

Lithophaga zitteliana Dunker, 1882

杯石蛏

Leiosolenus calyculatus (P. P. Carpenter, 1857)

短滑竹蛏

Leiosolenus lischkei M. Huber, 2010

锉石蛏

Leiosolenus lima (Jousseaume, 1919)

长尖石蛏

Leiosolenus lepteces (Z.-R. Wang, 1997)

羽膜石蛏

Leiosolenus malaccanus (Reeve, 1857)

带偏顶蛤

Modiolus comptus (G. B. Sowerby III, 1915)

短似偏顶蛤

Modiolatus flavidus (Dunker, 1857)

旗江珧
Atrina vexillum (Born, 1778)

二色裂江珧
Pinna bicolor Gmelin, 1791

紫裂江珧
Pinna atropurpurea G. B. Sowerby I, 1825

马氏珠母贝
Pinctada fucata (A. Gould, 1850)

珠母贝（黑蝶贝）
Pinctada margaritifera (Linnaeus, 1758)

企鹅珍珠贝
Pteria penguin (Röding, 1798)

短翼珍珠贝
Pteria heteropteran (Lamarck, 1819)

中国珍珠贝
Pteria avicular (Holten, 1802)

192

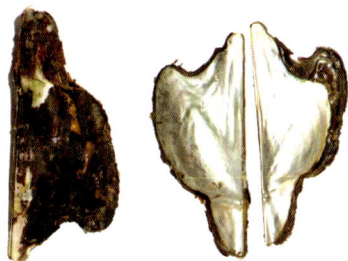

珍珠贝属的一种
Pteria sp.

钳蛤
Isognomon isognomum (Linnaeus, 1758)

扁平钳蛤
Isognomon ephippium (Linnaeus, 1758)

细肋钳蛤
Isognomon perna (Linnaeus, 1767)

豆荚钳蛤
Isognomon legumen (Gmelin, 1791)

长肋日月贝
Amusium pleuronectes (Linnaeus, 1758)

华贵类栉孔扇贝
Mimachlamys crassicostata (G. B. Sowerby II, 1842)

澳洲襞蛤
Plicatula australis Lamarck, 1819

难解不等蛤
Enigmonia aenigmatica (Holten, 1802)

习见锉蛤
Lima vulgaris (Link, 1807)

脆壳雪锉蛤
Limaria fragilis (Gmelin, 1791)

中华牡蛎
Hyotissa sinensis (Gmelin, 1791)

异壳舌骨牡蛎
Hyotissa inaequivalvis (Sowerby, 1871)

覆瓦牡蛎
Hyotissa inermis (G. B. Sowerby II, 1871)

舌骨牡蛎
Hyotissa hyotis (Linnaeus, 1758)

熊本牡蛎
Magallana sikamea (Amemiya, 1928)

缘齿牡蛎

Dendostrea sandvichensis (G. B. Sowerby II, 1871)

旋形牡蛎

Saccostrea circumsuta (Gould, 1850)

咬齿牡蛎

Saccostrea scyphophilla (Peron & Lesueur, 1807)

马拉帮牡蛎

Saccostrea malabonensis (Faustino, 1932)

粗衣蛤

Beguina semiorbiculata (Linnaeus, 1758)

异纹心蛤

Cardita variegata Bruguière, 1792

杂色糙鸟蛤

Acrosterigma variegatum (G. B. Sowerby II, 1840)

黄边糙鸟蛤

Vasticardium flavum (Linnaeus, 1758)

镶（锒）边鸟蛤

Vepricardium coronatum (Schröter, 1786)

索纹双带蛤

Semele cordiformis (Holten, 1802)

齿纹双带蛤

Semele crenulata (G. B. Sowerby I, 1853)

美女白樱蛤

Psammacoma candida (Lamarck, 1818)

散纹小樱蛤

Tellinella virgata (Linnaeus, 1758)

豆斧蛤

Donax faba Gmelin, 1791

斑纹紫云蛤

Gari maculosa (Lamarck, 1818)

美丽小厚大蛤

Ctena bella (Conrad, 1837)

反转拟猿头蛤

Pseudochama retroversa (Lischke, 1870)

敦氏猿头蛤

Chama dunkeri Lischke, 1870

弓獭蛤

Lutraria rhynchaena Jonas, 1844

尼科巴立蛤

Meropesta nicobarica (Gmelin, 1791)

同心蛤

Meiocardia vulgaris (Reeve, 1845)

雕刻球帘蛤

Globivenus orientalis (L. R. Cox, 1930)

对角蛤

Antigona lamellaris Schumacher, 1817

曲波对角蛤

Antigona chemnitzii (Hanley, 1845)

布目皱纹蛤
Periglypta exclathrata (Sacco, 1900)

曲畸心蛤
Cryptonema producta (Kuroda & Habe, 1951)

伊萨伯雪蛤
Placamen isabellina (Philippi, 1849)

头巾雪蛤
Placamen foliaceum (Philippi, 1846)

华丽美女蛤
Circe tumefacta G. B. Sowerby II, 1851

美女蛤
Circe scripta (Linnaeus, 1758)

加夫蛤
Gafrarium pectinatum (Linnaeus, 1758)

岐脊加夫蛤
Gafrarium divaricatum (Gmelin, 1791)

颗粒加夫蛤
Gafrarium dispar (Holten, 1802)

帆镜蛤
Dosinia histrio (Gmelin, 1791)

缀锦蛤
Tapes literatus (Linnaeus, 1758)

杂色蛤仔
Venerupis aspera (Quoy & Gaimard, 1835)

和蔼巴非蛤
Paphia amabilis (Philippi, 1847)

织锦类缀锦蛤
Paratapes textilis (Gmelin, 1791)

波纹类缀锦蛤
Paratapes undulatus (Born, 1778)

墨氏巴非蛤
Protapes motsei J. Chen, S.-P. Zhang & L.-F. Kong, 2014

理纹格特蛤
Marcia recens (Holten, 1802)

裂纹格特蛤
Marcia hiantina (Lamarck, 1818)

琴文蛤
Meretrix lyrata (G. B. Sowerby II, 1851)

斧文蛤
Meretrix lamarckii Deshayes, 1853

文蛤
Meretrix meretrix (Linnaeus, 1758)

日本闭壳蛤
Petricola japonica Dunker, 1882

杯形开腹蛤
Cucurbitula cymbium (Spengler, 1783)

弱齿蛤属的一种
Ephippodonta sp.

软体动物门 双壳纲 帘蛤目
帘蛤科 格特蛤属

软体动物门 双壳纲 帘蛤目
帘蛤科 文蛤属

软体动物门 双壳纲 帘蛤目
帘蛤科 *Petricola* 属

软体动物门 双壳纲 帘蛤目
鼬眼蛤科 弱齿蛤属

鼬眼蛤属的一种

Galeomma sp.

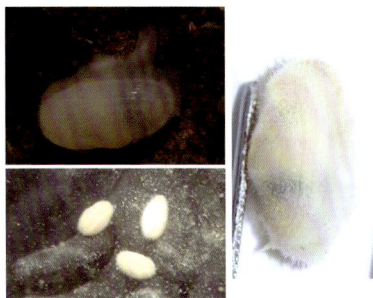

拟鼬眼蛤属的一种

Pseudogaleomma sp.

红齿硬篮蛤

Corbula erythrodon Lamarck, 1818

脆壳全海笋

Barnea fragilis (G. B. Sowerby II, 1849)

卵形盾海笋

Aspidopholas ovum (W. Wood, 1828)

剑尖枪鱿（北部湾产）

Uroteuthis (*Photololigo*) *edulis* (Hoyle, 1885)

莱氏拟乌贼

Sepioteuthis lessonian d'Orbigny, 1826

虎斑乌贼

Sepia pharaonic Ehrenberg, 1831

拟目乌贼
Sepia Lycidas Gray, 1849

白斑乌贼
Sepia latimanus Quoy & Gaimard, 1832

毛鸟嘴

Ibla cumingi Darwin, 1851

板茗荷属的一种

Octolasmis sp.

龟足

Capitulum mitella (Linnaeus, 1758)

龟藤壶

Chelonibia testudinaria (Linnaeus, 1758)

笠藤壶属的一种

Tetraclita sp.

绵藤壶属的一种

Acasta sp.

三角藤壶

Balanus trigonus Darwin, 1854

长刺真绵藤壶

Euacasta dofleini (Kruger, 1911)

镰状独指虾蛄

Gonodactylaceus falcatus (Forskål, 1775)

三线独指虾蛄

Gonodactylaceus ternatensis (De Man, 1902)

猛虾蛄

Harpiosquilla harpax (De Haan, 1844)

北方小口虾蛄

Oratosquillina nordica Ahyong & Chan, 2008

窝纹虾蛄

Dictyosquilla foveolate (Wood-Mason, 1895)

大掌白钩虾

Leucothoe hyhelia J.L. Barnard, 1965

海南白钩虾

Leucothoe hainanensis Ren, 2012

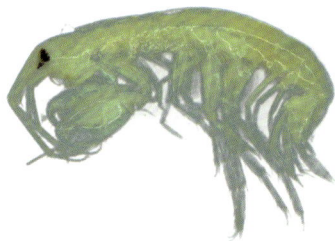

赫氏细身钩虾

Maera hirondellei Chevreux, 1900

锯齿细身钩虾

Quadrimaera serrata (Schellenberg, 1938)

宽刺片钩虾

Elasmopus hooheno J.L. Barnard, 1970

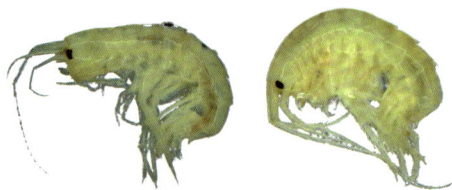

雌性　　　　　　雄性

琴近片钩虾

Parelasmopus echo J.L. Barnard, 1972

短板矛钩虾

Apolochus menehune (J. L. Barnard, 1970)

科洛钩虾属的一种

Colomastix sp.

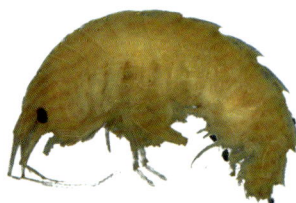

莫桑比克近长足钩虾

Paradexamine mozambica Ledoyer, 1979

尖甲水虱属的一种
Nerocila sp.

赫伦浪飘水虱
Cirolana erodiae Bruce, 1986

长尾真虾鳃虱
Bopyrella tanytelson Markham, 1985

雌性

雄性

中华尖水虱
Cerceis sinensis Kussakin & Malyutina, 1993

须赤虾
Metapenaeopsis barbata (De Haan, 1844)

大管鞭虾
Solenocera melantho de Man, 1907

披针单肢虾
Sicyonia lancifer (Olivier, 1811)

雌性

雄性

东方角鼓虾
Athanas parvus de Man, 1910

雌性

雄性

异形角鼓虾

Athanas dimorphus Ortmann, 1894

角鼓虾属的一种

Athanas sp.

古洁合鼓虾

Synalpheus coutierei AH Banner, 1953

扭指合鼓虾

Synalpheus streptodactylus Coutière, 1905

粗矛合鼓虾

Synalpheus hastilicrassus Coutière, 1905

艾德华鼓虾

Alpheus edwardsii (Audouin, 1826)

光鼓虾

Alpheus splendidus Coutière, 1897

优美鼓虾

Alpheus paludicola Kemp, 1915

节肢动物门 软甲纲 十足目
鼓虾科 角鼓虾属

节肢动物门 软甲纲 十足目
鼓虾科 合鼓虾属

节肢动物门 软甲纲 十足目
鼓虾科 鼓虾属

节肢动物门 软甲纲 十足目
鼓虾科 鼓虾属

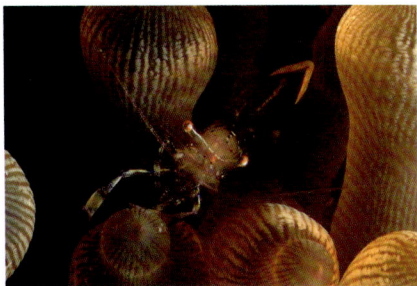

霍氏滨虾
Ancylomenes holthuisi (Bruce, 1969)

大凯氏岩虾
Cuapetes grandis (Stimpson, 1860)

近岩虾属的一种
Periclimenella sp.

葫芦贝隐虾
Anchistus custos (Forskål, 1775)

长臂虾属的一种
Palaemon sp.

和美虾属的一种
Neotrypaea sp.

铠甲虾属的一种
Galathea sp.

达尔文蝼蛄虾
Upogebia darwinii (Miers, 1884)

节肢动物门 软甲纲 十足目
长臂虾科 凯氏岩虾属

节肢动物门 软甲纲 十足目
长臂虾科 贝隐虾属

节肢动物门 软甲纲 十足目
美人虾科 和美虾属

节肢动物门 软甲纲 十足目
蝼蛄虾科 蝼蛄虾属

节肢动物门 软甲纲 十足目
铠甲虾科 铠甲虾属

节肢动物门 软甲纲 十足目
长臂虾科 长臂虾属

节肢动物门 软甲纲 十足目
长臂虾科 近岩虾属

节肢动物门 软甲纲 十足目
长臂虾科 滨虾属

鳞鸭岩瓷蟹
Petrolisthes boscii (Audouin, 1826)

哈氏岩瓷蟹
Petrolisthes haswelli Miers, 1884

雌性　　雄性

雕刻厚螯瓷蟹
Pachycheles sculptus (H. Milne Edwards, 1837)

刺足厚螯瓷蟹
Pachycheles spinipes (A. Milne-Edwards, 1873)

肥胖多指瓷蟹
Polyonyx obesulus Miers, 1884

雌性　　雄性

异形豆瓷蟹
Pisidia dispar (Stimpson, 1858)

装饰拟豆瓷蟹
Enosteoides ornatus (Stimpson, 1858)

三叶小瓷蟹
Porcellanella triloba White, 1851

库氏寄居蟹

Pagurus kulkarnii Sankolli, 1961

下齿细螯寄居蟹

Clibanarius infraspinatus (Hilgendorf, 1869)

厚螯真寄居蟹

Dardanus crassimanus (H. Miline Edwards, 1836)

刺足真寄居蟹

Dardanus hessii (Miers, 1884)

德汉劳绵蟹

Lauridromia dehaani (Rathbun, 1923)

逍遥馒头蟹

Calappa philargius (Linnaeus, 1758)

红线黎明蟹

Matuta planipes Fabricius, 1798

胜利黎明蟹

Matuta victor (Fabricius, 1781)

四齿关公蟹
Dorippe quadridens (Fabricius, 1793)

伪装仿关公蟹
Dorippoides facchino (J. F. W.Herbst, 1785)

凶狠酋妇蟹
Eriphia ferox Koh & Ng, 2008

成体　　　　　幼体

破裂哲扇蟹
Menippe rumphii (Fbricius, 1798)

光辉圆扇蟹
Sphaerozius nitidus Stimpason 1858

三斑强蟹
Eucrate tripunctata Campbell, 1969

雌性　　　　　雄性

哈氏隆背蟹
Carcinoplax haswelli (Miers, 1884)

美丽长眼柄蟹
Ommatocarcinus pulcher K. H. Barnard, 1950

刺足掘沙蟹

Scalopidia spinosipes Stimpson, 1858

迅速长臂蟹

Myra celeris B.S. Galil, 2001

鸭额玉蟹

Leucosia anatum (Herbst, 1783)

弓背易玉蟹

Coleusia urania (J. F. W. Herbst, 1801)

十一刺栗壳蟹

Arcania undecimspinosa De Haan, 1841

羊毛绒球蟹

Doclea ovis (Fabricius, 1787)

雌性

里氏绒球蟹

Doclea rissoni Leach, 1815

互敬蟹属的一种

Hyastenus sp.

第三章　其他生物　**213**

粗甲裂颚蟹

Schizophrys aspera (H. Milne Edwards, 1831)

环状隐足蟹

Cryptopodia fornicate (Fabricius, 1781)

钝额曲毛蟹

Camposcia retusa (Latreille, 1829)

双刺静蟹

Galene bispinosa (Herbst, 1783)

五角暴蟹

Halimede ochtodes (Herbst, 1783)

杨梅蟹属的一种

Actumnus sp.

长角毛刺蟹

Pilumnus longiconis Hilgendorf, 1879

拟盲蟹属的一种

Typhlocarcinops sp.

光掌光毛蟹
Glabropilumnus levimanus (Dana, 1852)

剑梭蟹属的一种
Xiphonectes sp.

纤手狼梭蟹
Lupocycloporus gracilimanus (Stimpson, 1858)

远海梭子蟹
Portunus pelagicus (Linnaeus, 1758)

尖额附齿蟳
Goniosupradens acutifrons (De Man, 1879)

钝齿蟳
Charybdis (*Charybdis*) *helleri* (A. Milne Edwards, 1867)

晶莹蟳
Charybdis (*Charybdis*) *lucifer* (Fabricius, 1798)

颗粒蟳
Charybdis (*Charybdis*) *granulata* (De Haan, 1833)

直额蟳

Charybdis (Goniohellenus) truncate (Fabricius, 1798)

少刺上桨蟹

Thranita danae (Stimpson, 1858)

看守长眼蟹

Podophthalmus vigil (Fabricius, 1798)

吕氏盖氏蟹

Gaillardiellus rueppelli (Krauss, 1843)

上银杏蟹属的一种

Epiactaea sp.

美丽新银杏蟹

Novactaea pulchella (A. Milne-Edwards, 1865)

迈氏毛壳蟹

Pilodius miersi (Ward, 1936)

浆果鳞斑蟹

Demania baccalipes (Alcock, 1898)

似雕滑面蟹
Etisus anaglyptus H.Milne-Edwards, 1834

正直爱洁蟹
Atergatis integerrimus (Lamarck, 1818)

花纹爱洁蟹
Atergatis floridus (Linnaeus, 1767)

红斑斗蟹
Liagore rubromaculata (De Haan, 1835)

脉花瓣蟹
Liomera venosa (H. Milne Edwards, 1834)

绵状泡状蟹
Trichia dromiaeformis De Haan, 1839

颗粒仿权位蟹
Medaeops granulosus (Haswell, 1882)

爱氏仿权位蟹
Medaeops edwardsi Guinot, 1967

无斑斜纹蟹

Plagusia immaculata Lamarck, 1818

游氏弓蟹

Varuna yui Hwang & Takeda, 1986

韦氏毛带蟹

Dotilla wichmanni De Man, 1892

东方开口蟹

Chaenostoma orientale Stimpson, 1858

拉氏原大眼蟹

Venitus latreillei (Desmarest, 1822)

角眼沙蟹

Ocypode ceratophthalmus (Pallas, 1772)

豆蟹属的一种

Pinnotheres sp.

盲硬豆蟹

Durckheimia caeca Bürger, 1895

美羽枝属的一种

Himerometra sp.

别　　名： 海羽星

形　　态： 身体分腕、盘（萼）和柄三部。口面向上。反口面有柄，身体下面有五角形的分节的长柄，能竖立于海底。腕及羽枝上面有小型末端钩，可以钩住物体、攀越岩壁和爬行，具有很强的再生能力。腕呈白色和红褐色。

生活习性： 栖息于浅海，喜欢清澈的海水，附着在岩石或海藻上。大多为夜行性，白天蜷曲躲在岩缝中，晚上则会爬出停留在礁岩上，伸展腕捕食浮游生物及食物颗粒。

金色海百合

Davidaster rubiginosus (Pourtalès, 1869)

形　　态： 口和消化管位于花托状结构的中央。个体既可以浮动又可以固定在海底，浮动时腕收紧，停下来时腕就固定在海藻或者海底的礁石上。具 20 ~ 40 条腕，腕长度可达 37 cm。腕和侧枝通常为金色；侧枝偶尔为黑色或黑色具橙色先端。

生活习性： 栖息于浅海，喜欢清澈的海水，附着在岩石或海藻上。

真五角海星

Anthenea pentagonula (Lamarck, 1816)

别　　名： 中华花瘤海星、中华五角海星、五角星

形　　态： 身体坚实，呈五角星状。通常背面为棕褐色，具红、黄、紫或黑绿色大小不等的斑点。具短宽腕 5 个，末端略向上翘起。体盘大，端板明显。皮肤薄。反口面隆起，硬而粗糙。骨板为网状，板上分布有疣及小颗粒，散生小瓣状叉棘。背板分布有稀疏的短钝棘和瓣状叉棘，且密布细棘。具三角形大口板，上有小形边缘棘 10 ~ 12 个；口面棘 2 行，每行 4 ~ 6 棘，平行于边缘棘。

生活习性： 栖息于带有碎贝壳和石块的泥砂质基底的珊瑚礁区。

多棘槭海星

Astropecten polyacanthus Muller et Troschel

别　　名： 多刺槭海星

形　　态： 具腕 5 个，硬，逐渐减细，末端钝，侧面高而垂直，长度可达 90 mm。反口面密生成行排列的小柱体，各小柱体上端中央有 1 ~ 5 个颗粒状小棘。反口面外围有 5 ~ 12 个稍大和成辐状排列的小棘。每个口板都有 6 个较长的边缘棘和 8 ~ 9 个口面棘。背面为暗褐或鲜红色。

生活习性： 栖息于泥砂质基底的浅海珊瑚礁区。

玉足海参

Holothuria (Mertensiothuria) leucospilota (Brandt, 1835)

形　　态：体呈圆柱状，前端细，后端粗。体呈暗褐色、紫褐色至黑色。口偏于腹面，具触手20个。背部具排列不规则的疣足，腹部管足排列也不规则，呈皱纹状皱缩。体壁骨片为桌形体和扣状体。

生活习性：栖息于潮间带的珊瑚礁区或岩石下。居维氏器很发达，受刺激时会排出白色或粉红色黏性丝状物。

方柱翼手参

Colochirus quadrangularis (Troschel, 1846)

形　　态：体呈方柱状。体表具有4列锥形大疣足，排列规则且中间夹有较钝的小疣足。常有同样的大疣足1～3个分布于腹面中央线两端。腹面平坦，呈履状。管足多且排列为3纵带，每纵带有4～6行管足。口位于体前端，具触手10个。肛门背偏位，有5个齿和5个大鳞片布于周围。身体呈灰红色或褐红色，疣足为红色，触手为玉黄色，分枝为紫红色，管足为浅红色。

生活习性：栖息于潮间带到水深约20 m的硬质基底。

二色桌片参

Mensamaria intercedens (Lampert, 1885)

形　　态：体呈纺锤形，两端略细，稍弯曲。口和肛门皆端位，具触手30个，大小不等，排列为内外两圈。体壁光滑、柔软。体壁内骨片主要为桌形体。生活时颜色十分显著，体表为橘红色或橘褐色，5个步带的管足全部为红色。

生活习性：栖息于沿岸浅海有海绵和珊瑚的硬质基底。

小笠原偏海胆

Parasalenia gratiosa (A. Agassiz, 1863)

形　　态：壳长约4 cm，为不规则的椭圆形。体呈赤褐或黑色。口面在短轴后方明显凹陷，从侧面看壳呈肾形。反口面较平。大棘为黑或褐绿色，圆柱状，与壳的长轴等长，末端钝尖，基部有白色磨齿环。口面的棘为黑紫色。步带的有孔带很窄，管足孔排列为直立的弧状，围口部外环有孔带明显加宽，使两边的管足孔互相接连。

生活习性：栖息于珊瑚礁区的洞穴内，昼伏夜出。

梅氏长海胆

Echinometra mathaei (Blainville, 1825)

形　态：壳为椭圆形，壳长约 6 cm。反口面稍弯窿。整个围口部向内凹陷，使壳的口面拱起，从侧面看呈肾脏形。各步带排列有 2 纵行的大疣排列。管足孔一般是 4 对排列为一弧。间步带的大疣也排列为 2 纵行，靠近顶系者略减小。顶系各板上均生育小棘。壳两侧的大棘比两端的略短小。大棘基部的磨齿环通常是白色，壳为黑色。

生活习性：栖息于潮间带的珊瑚礁区的礁石洞内，洞深为 30 ~ 40 cm。

刺冠海胆

Diadema setosum (Leske, 1778)

别　名：魔鬼海胆、棘冠刺海胆、长刺海胆

形　态：体壳直径为 5 ~ 10 cm，体呈紫黑色。刺棘长短、粗细不一，长可达 30 cm。大棘常有红色、绿色或黑白相间的横带。或有白色大棘夹生于普通大棘中。口面的大棘为棒状，反口面的大棘为细长针状，中空且带环轮。反口面中央有圆形橘黄肛乳突，环绕有 5 个明显的白点和若干个小蓝点。橘黄色亮圈中央为肛门。

生活习性：栖息于珊瑚礁区的缝隙或礁石洞内。一般以藻类为食，个体数量多时会啃食石珊瑚。

长大刺蛇尾

Macrophiothrix longipeda (Lamarck, 1816)

形　　态： 具有盘和腕两部分。体盘小，背部具鳞片。腕细长，一般不分枝，腕的外观和运动似蛇尾。体盘和腕之间界限明显。无步带沟和肛门。管足已经发生退化，主要营触觉和呼吸作用。

生活习性： 栖息于浅海或深海。在深海的软质海底较为常见。

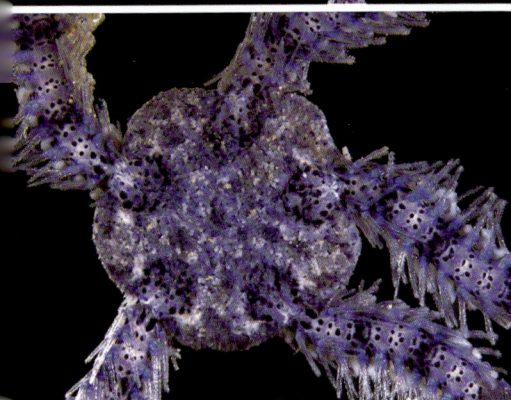

小刺蛇尾

Ophiothrix (Ophiothrix) exigua Lyman, 1874

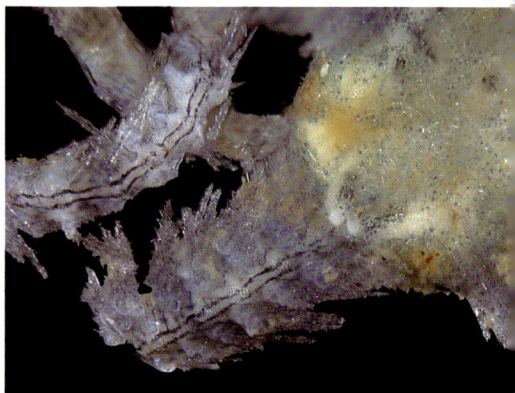

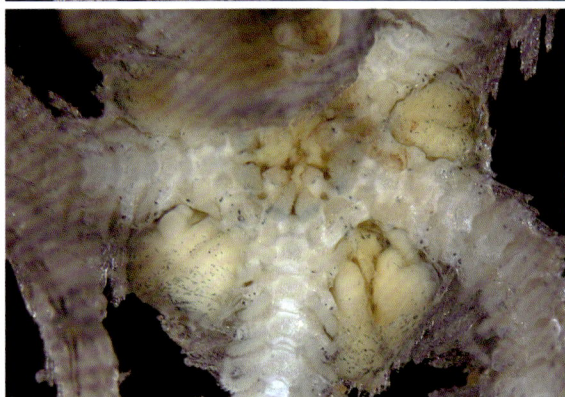

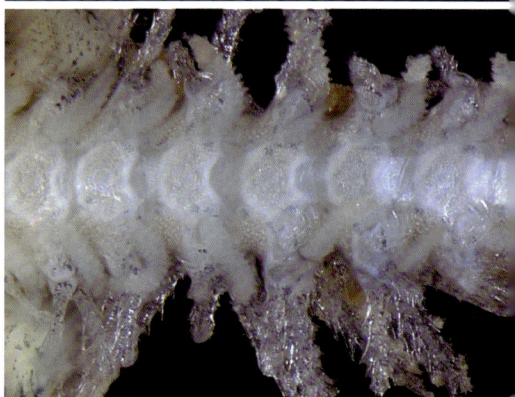

近辐蛇尾

Ophiactis affinis Duncan, 1879

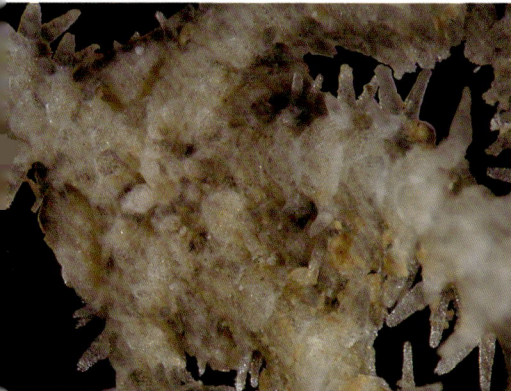

大鳞辐蛇尾

Ophiactis macrolepidota Marktanner-Turneretscher, 1887

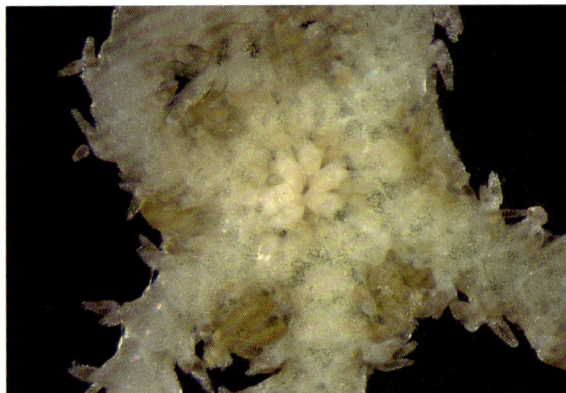

辐蛇尾

Ophiactis savignyi (Müller & Froschel, 1842)

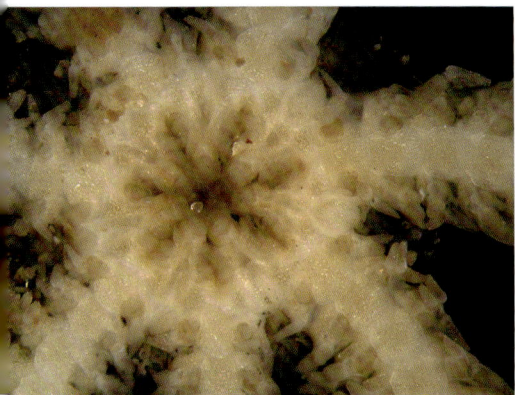

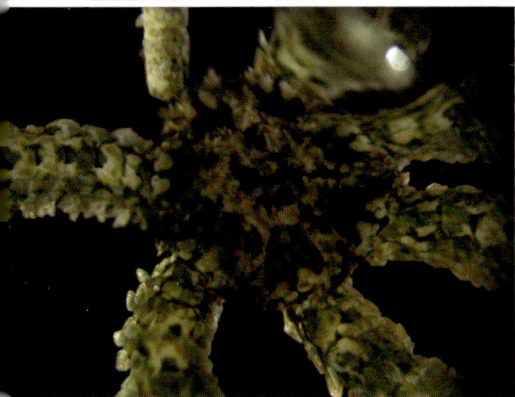

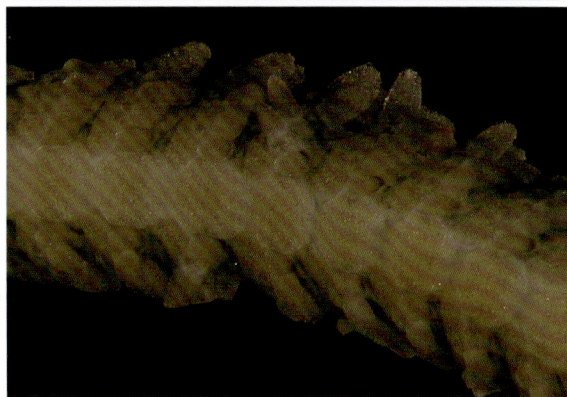

杜氏下鱵鱼

Hyporhamphus dussumieri (Valenciennes, 1847)

形　　态：体延长，侧扁。吻尖且延长。体被圆鳞。体背呈浅灰蓝色，腹部呈白色，体侧中间有一银白色纵纹。喙为黑色，前端有明亮的橘红色。

生活习性：栖息于珊瑚礁区、岩礁区和近岸水域的水体上层。以浮游动物为食。

点带棘鳞鱼

Sargocentron rubrum (Forsskål, 1775)

形　　态：体中等侧扁，呈椭圆形。眼大，口端位。体被大型栉鳞；侧线完全，尾鳍深叉形。体侧有红褐色与银白色条纹交替排列。臀鳍最大棘区为深红色，胸鳍基部无黑斑，腹鳍鳍膜均为深红色。

生活习性：栖息于礁石下或洞穴内。以小型鱼类或甲壳类为食。

无鳞烟管鱼

Fistularia commersoni (Rüppell, 1838)

形　　态：体延长，侧扁，呈圆柱状。吻延长为管状。背鳍与臀鳍相对；腹鳍小；尾鳍叉形，中央二鳍延长呈丝状。生活时体色呈淡绿色或者浅褐色。

生活习性：栖息于珊瑚礁区和岩礁区。以小型鱼类和甲壳类为食。

棘海马

Hippocampus spinosissimus (Weber, 1913)

形　　态：头部与躯干部呈直角，体无鳞，由一系列的骨环组成。顶冠有四至五个长而尖的棘，最长棘短于顶冠；体部各棱背上的结节发育完全且有长而尖的棘。吻较长。体色呈绿褐色或灰褐色。

生活习性：栖息于珊瑚礁区和岩礁区。以浮游动物为食。

毒拟鲉

Scorpaenopsis diabolus (Cuvier, 1829)

形　态：体中长，侧扁。口上翘。体表有较多皮瓣，背部隆起。体色斑驳多变，与环境相似。胸鳍边缘有黑色条纹。

生活习性：栖息于珊瑚礁区和岩礁区水体底层的珊瑚或碎石基质上。拟态栖息环境，以小型鱼类和甲壳类为食。

褐菖鲉

Sebastiscus marmoratus (Cuvier, 1829)

形　态：体中长，侧扁，呈长椭圆形。头中大，侧扁。口端位，上下颌等长。体被栉鳞，胸部及腹部具小圆鳞。体呈褐色或褐红色，体侧背鳍基部处通常具 5 块白斑，侧线下方散布云纹斑纹。各鳍部呈褐红色，鳍条上散布白色斑点。

生活习性：栖息于珊瑚礁区和岩礁区水体底层的礁石、珊瑚或碎石基质上。以小型鱼类和甲壳类为食。

横纹九棘鲈

Cephalopholis boenak (Bloch, 1790)

形　态：体长，侧扁，呈椭圆形。口大，端位；上颌可向前伸出；上下颌前端有细小犬齿。鳃盖后有一黑色块。体覆细小的栉鳞，侧线完全。背鳍连续，臀鳍短小，胸鳍圆形，尾鳍圆形。体侧往往具有多条暗色横带。

生活习性：栖息于珊瑚礁区和岩礁区的礁石上。以小型鱼类和甲壳类为食。

双带黄鲈

Diploprion bifasciatum (Cuvier, 1828)

形　态：体延长，侧扁。体覆细小的栉鳞，背鳍连续，腹鳍腹位，尾鳍圆形。体呈黄色，体侧有两条暗灰色宽横带。除背鳍硬棘部为暗色，腹鳍有黑缘外，各鳍为黄色。

生活习性：栖息于珊瑚礁区和岩礁区的礁石上，喜欢石缝和半沙质底质。以小型鱼类和甲壳类为食。受惊时会分泌黑鲈素。

橙点石斑鱼

Epinephelus bleekeri (Vaillant, 1878)

形　　态：体侧扁而粗壮，呈长椭圆形。眼较小，短于吻长。口较大，上下颌前端有犬牙。体覆细小的栉鳞。头部、身体和鳍上有红色至深棕色的斑点。尾鳍上半部分有斑点，下半部分为蓝色。

生活习性：栖息于珊瑚礁区和岩礁区底层的碎石或死珊瑚基质上。以鱼类和甲壳类为食。

玳瑁石斑鱼

Epinephelus quoyanus (Valenciennes, 1830)

形　　态：体侧扁而粗壮，呈长椭圆形。上下颌前端有犬牙。体覆细小的栉鳞。头部及体侧呈淡褐色且散布有红色或红褐色的小点。奇鳍为暗色并散布有暗红褐色的小点，且常有一窄的白色边缘；偶鳍为淡黄色且布有不明显的橘色小点。

生活习性：栖息于珊瑚礁区和岩礁区。以小型鱼类和甲壳类为食。

杂交石斑鱼

Epinephelus lanceolatus×E. fuscoguttatus

别　　名：珍珠龙胆（为鞍带石斑鱼与棕点石斑鱼的杂交品种）。

形　　态：体呈灰黑色，散布大块黄白色云纹，并密布黑白色斑点。胸鳍、背鳍和臀鳍后部、尾鳍均具有明显的黑黄色斑纹。

生活习性：人工养殖杂交品种，经常逃逸于野外。

勒氏笛鲷

Lutjanus russelli (Bleeker, 1849)

别　　名：黑星笛鲷、火点

形　　态：体侧后上方有一大的黑斑，尾鳍透明。幼鱼常见于红树林河口部，其体侧可见四条暗色的条带，但会随着生长而逐渐变淡。

生活习性：栖息于珊瑚礁区、岩礁区，常可见于以上区域周边的沙质地区。

蝲

Terapon theraps Cuvier, 1829

别　　名：花身仔、斑吾、鸡仔鱼、三抓仔

形　　态：体呈长椭圆形，体侧有四条淡的暗色纵带，第一背鳍后部有一大的黑斑。

生活习性：栖息于珊瑚礁区、岩礁区和泥砂底质的浅海。

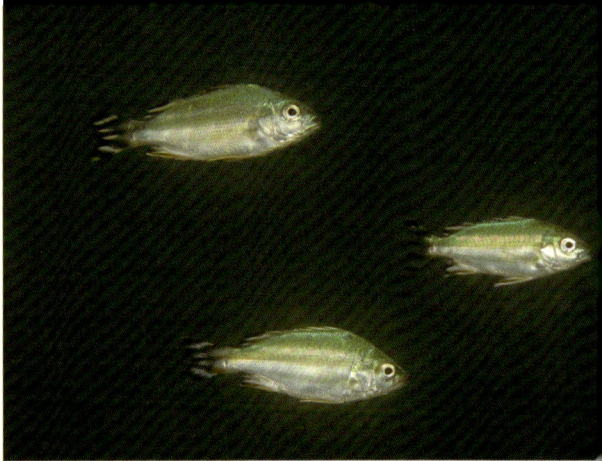

奥奈银鲈

Gerres oyena (Forsskål, 1775)

形　　态：体呈长卵圆形。体覆薄的圆鳞，易脱落。尾鳍深叉形，最长鳍条几乎与胸鳍等长。体呈银白色；体背为淡橄榄色；体侧有 7 至 8 条不显著的横带；背鳍硬棘部有黑色缘，有时会延伸至软条部；尾鳍也有暗色缘。

生活习性：栖息于珊瑚礁区和岩礁区的泥砂基质上。以小型无脊椎动物为食。

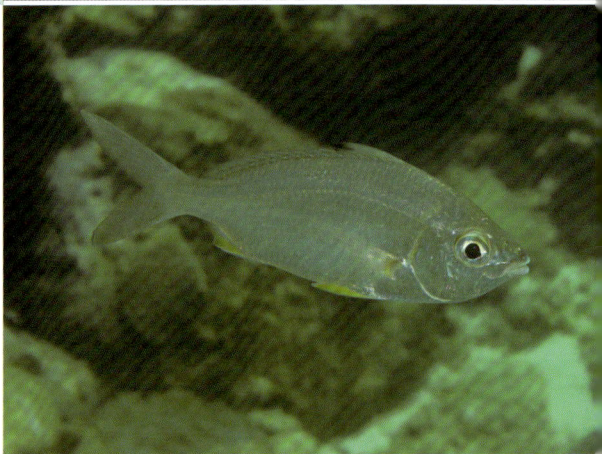

鳗鲷

Congrogadus subducens (Richardson, 1843)

形　　态：体呈长圆形，似鳗鱼。口上翘，唇厚，眼小。背鳍、臀鳍和尾鳍相连。体色变化较大，黄、绿、褐、黑皆有。身上的斑点会形成网状或交叉斑纹，腹部色淡。

生活习性：栖息于珊瑚礁区和岩礁区的洞穴内。以小型鱼类和甲壳类为食。

圆眼戴氏鱼

Labracinus cyclophthalmus (Müller & Troschel, 1849)

形　　态：体侧扁，呈长椭圆形。头背部隆起，眼较大，吻短而钝，嘴唇厚。身体覆盖有半圆形栉鳞，侧线中断。胸鳍钝圆形，尾鳍圆形。身体前部有灰橘色斑点；体侧具有鲜红色大斑块，一直延伸到腹部；头部两侧有互相平行的蓝色纹路；奇鳍外侧有蓝色边缘。

生活习性：栖息于珊瑚礁区和岩礁区。以小型鱼类和甲壳类为食。

脊索动物门 硬骨鱼纲 鲈形目

天竺鲷科

脊索动物门 硬骨鱼纲 鲈形目

天竺鲷科

脊索动物门 硬骨鱼纲 鲈形目

天竺鲷科

脊索动物门 硬骨鱼纲 鲈形目

石鲈科

稻氏鹦天竺鲷

Ostorhinchus doederleini (Jordan & Snyder, 1901)

形　　态：体侧扁，呈长圆形。头大，吻长，眼大。体侧有三条细的线，尾柄有一黑色的眼点。体侧上下两条狭带末端延伸不及尾柄，中间狭带末端不及尾柄的黑色眼点。各鳍透明且略带红色。

生活习性：栖息于珊瑚礁区和岩礁区泥砂底质的底层。以小型无脊椎动物为食。

带背鹦天竺鲷

Ostorhinchus cavitensis (Jordan & Seale, 1907)

形　　态：体侧扁，呈长圆形。头大，吻长，眼大。体侧及背部有黄至棕色的条纹，尾柄有一黑色眼点。

生活习性：栖息于珊瑚礁区和岩礁区泥砂底质的底层。以小型无脊椎动物为食。

褐斑带天竺鲷

Taeniamia fucata (Cantor, 1849)

形　　态：体高，侧扁，呈椭圆形。侧线完整，延长至尾鳍。胸腔及肛门附近有发光器。体呈银白色，体侧有 20～23 条橘红色的窄曲横纹。尾柄眼点大且容易区分，有时呈扩散状，或稍淡而不明显。吻端至眼前缘有黄线，其上下各有一蓝纹延伸至眼上下缘。

生活习性：栖息于珊瑚礁区和岩礁区。群居性，以小型无脊椎动物为食。

密点少棘胡椒鲷

Diagramma pictum (Thunberg, 1792)

形　　态：成鱼与幼鱼体色外观差异大。成鱼体表的大部分密布黄色斑点。幼鱼体表呈黄色，分布有黑色条带；随着生长体色渐变为暗灰色，色带消失。

生活习性：栖息于热带与亚热带近海水域的珊瑚礁区或岩礁区。

三线矶鲈

Parapristipoma trilineatum (Risso, 1826)

形　态：体略侧扁，呈纺锤形。口端位，吻略尖，眼大。背鳍连续，尾鳍叉形。体呈淡黄色，腹部色淡。幼鱼体上半部有 3 条黑色条带，但会随着生长而逐渐变淡。

生活习性：栖息于水深 10～50 m 的珊瑚礁区和岩礁区水域。常成群活动。

单带眶棘鲈

Scolopsis monogramma (Cuvier, 1830)

形　态：体侧扁，呈椭圆形。头端尖细，口端位，体被栉鳞。幼鱼尾鳍上下叶钝圆，成鱼则呈丝状延长。幼鱼体侧有一黑色纵带，成鱼不明显，且眼前缘至主鳃盖上角及眼下至主鳃盖正中各有一蓝色纵带。

生活习性：栖息于珊瑚礁区和岩礁区底层的泥砂基质上。以小型鱼类和甲壳类为食。

长尾锥齿鲷

Pentapodus setosus (Valenciennes, 1830)

形　态：体长，侧扁。口端位，具犬齿。背部为淡棕色，体下部为苍白色。吻部有两条蓝色条纹，第一条自吻到眼部中间，第二条自吻到眼下缘。

生活习性：栖息于珊瑚礁区和岩礁区底层的泥砂基质上。以小型鱼类和甲壳类为食。

日本眶棘鲈

Scolopsis japonia (Bloch, 1793)

形　态：体侧扁，呈长椭圆形。口端位，吻中大，头端尖细，头背较平直。眼大。体呈褐红色。鳃盖有一白色弧形宽带，由头背部一直延伸至颊部。各鳍内侧为黄褐色，外侧为黄色；尾柄及尾鳍为鲜黄色。

生活习性：栖息在珊瑚礁区边缘的碎石砂地上，通常单独或数尾活动。以小鱼和无脊椎动物为食。

黑斑绯鲤

Upeneus tragula (Richardson, 1846)

形　态：体较长，稍稍侧扁。口下位，下颌有一对触须。体被栉鳞，侧线完全。体色以红棕色至灰色为主。体侧有一黑色纵带。尾鳍上下叶具数条灰色斜带；胸鳍与腹鳍呈黄褐色，可能具有红点。

生活习性：栖息于珊瑚礁区和岩礁区底层的礁石或泥砂基质上。以小型鱼类和甲壳类为食。

暗单鳍鱼

Pempheris adusta (Bleeker, 1877)

形　态：体延长，侧扁。背、腹缘隆起，眼大，体被圆鳞。背鳍末端呈黑色，臀鳍基部有黑带。

生活习性：栖息于珊瑚礁区和岩礁区的礁石下或洞穴内，群居性。以小型无脊椎动物或浮游动物为食。

叉纹蝴蝶鱼

Chaetodon auripes (Jordan & Snyder, 1901)

形　态：体高，侧扁，略呈方形。口小吻突。体呈黄褐色，体侧具有多条暗褐色纵纹；头部有一条黑色眼带，眼带后另有一白色横带；背鳍与臀鳍边缘有一黑褐色条带；胸鳍呈半透明；腹鳍为黄色；尾鳍后端具有一较窄的黑色横带，其后另有一白边。

生活习性：栖息于珊瑚礁区和岩礁区，常成对活动。以小型无脊椎动物和珊瑚黏液为食。

八带蝴蝶鱼

Chaetodon octofasciatus (Bloch, 1787)

形　态：体高，侧扁，略呈方形。吻尖，向前突出。体被菱形的小型鳞片。尾柄短，尾鳍呈扇形。体色呈黄色至白色；身体侧面具有八条黑褐色横带。幼鱼体表于第四与第五横带间有一椭圆形的黑斑，第七横带上有一镶白缘的眼斑。幼鱼的尾柄上有眼点，随年龄增大逐渐消失。

生活习性：栖息于珊瑚礁区和岩礁区，常成对活动。以小型无脊椎动物和珊瑚黏液为食。

丽蝴蝶鱼

Chaetodon wiebeli Kaup, 1863

形　　态：体呈卵圆形。体呈黄色并有斜向的黑色条带；面部和颈部有黑斑并夹有白色吊带；尾鳍基部为白色，中部为黑色。

生活习性：栖息于珊瑚礁区。

黑背蝴蝶鱼

Chaetodon melannotus (Bloch & Schneider, 1801)

形　　态：体高，侧扁，呈卵圆形。体被圆形鳞片，鳞片均以斜上方向排列。侧线高弧形，背鳍单一。身体呈白色，四周边缘为黄色，背部为黑色；体侧有多条斜向后上方的黑色条纹。头部有一黑色眼带。各鳍呈金黄色。幼鱼尾柄上有眼点，随年龄增大逐渐消失。

生活习性：栖息于珊瑚礁区和岩礁区，常成对活动。以小型无脊椎动物和珊瑚黏液为食。

钻嘴鱼

Chelmon rostratus (Linnaeus, 1758)

形　　态：体高，侧扁，近似三角形。吻极长，向前突出，延伸为管状。口位于管状吻的前端。体呈白色。体侧具有 5 条明显的橙黄色横带，第一条为眼带，略窄；第四条横带上部具一黑色眼斑。

生活习性：栖息于珊瑚礁区和岩礁区，常成对活动。以小型无脊椎动物和珊瑚黏液为食。

克氏双锯鱼

Amphiprion clarkii (Bennett, 1830)

形　　态：体侧扁，呈椭圆形。体被半圆形鳞片。身体以黄褐色至黑色为主，体侧具有三条宽大的白色横带。胸鳍与尾鳍为浅黄色至半透明，其余各鳍颜色多变，从淡黄色至黄褐色不等。

生活习性：栖息于珊瑚礁区和岩礁区底层，常与蓬锥海葵共生。成群活动。通常体形最大者为雌鱼，第二大者为具生殖能力的雄鱼。

孟加拉国豆娘鱼

Abudefduf bengalensis (Bloch, 1787)

形　态：体长较短，身体侧扁，呈卵圆形。体被菱形栉鳞。体呈灰黄色至黄褐色。体侧具有多条黑色纵带，第一条横带位于鳃盖的上方，不明显；最后一条横带位于尾柄处，也不明显。胸鳍基部的上侧具有一小黑斑。

生活习性：栖息于珊瑚礁区和岩礁区。杂食性，以浮游生物和藻类为食。

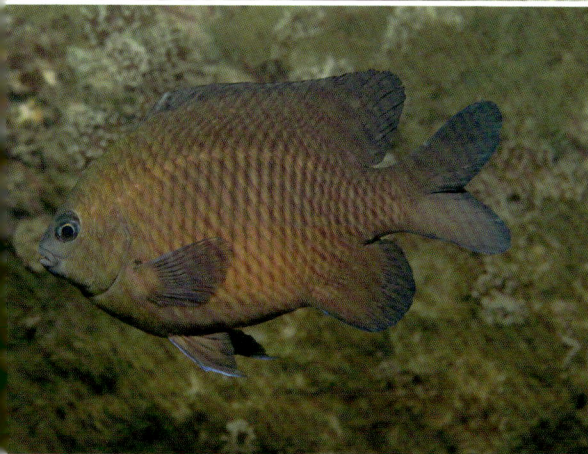

斑棘眶锯雀鲷

Stegastes obreptus (Whitley, 1948)

形　态：体侧扁，呈椭圆形。尾鳍叉形，上下叶末端角形。成鱼体呈褐色至几乎黑色，腹侧为灰白色，头部与体侧散布少数小的蓝色斑点。体侧鳞片边缘具黑色条纹，呈现成列的横纹。腹及臀鳍前缘呈淡蓝色。幼鱼体一致呈黄褐色。

生活习性：栖息于珊瑚礁区和岩礁区。杂食性。

蓝黑新雀鲷

Neopomacentrus cyanomos (Bleeker, 1856)

形　态：体侧扁，呈椭圆形。尾鳍上下叶末端呈丝状延长。体呈金属绿至黑色，鳃盖上缘有一黑点。背、臀鳍后半部有时为淡白色至黄色，通常仅在背鳍基部末端有一白色斑点；胸鳍透明，基部上缘有一小的黑点；尾鳍基部为暗褐色，且延伸至上下叶外缘，中间部分则为淡白色至黄色。

生活习性：栖息于珊瑚礁区和岩礁区，群居性。以浮游生物为食。

班氏新雀鲷

Neopomacentrus bankieri (Richardson, 1846)

形　态：体侧扁，呈椭圆形。体被栉鳞，尾鳍上下叶末端呈丝状延长。体呈绿至黑色，鳃盖上缘有一淡黑斑。背、臀鳍后半部为黄色；胸鳍透明，基部上缘有一小的黑点；尾鳍为黄色，上下叶为黑色，末端则为淡白色至透明。

生活习性：栖息于珊瑚礁区和岩礁区，群居性。以浮游生物为食。

霓虹雀鲷

Pomacentrus coelestis (Jordan & Starks, 1901)

形　　态：体侧扁，呈长椭圆形。体被栉鳞。体色多变，通常为蓝色；腹面、臀鳍、尾柄与尾鳍为黄色。

生活习性：栖息于珊瑚礁区和岩礁区，群居性。以浮游生物和底栖藻类为食。

星云海猪鱼

Halichoeres nebulosus (Valenciennes, 1839)

形　　态：体延长，侧扁。雌鱼体表上半部为黄褐色，腹部后缘有一大的粉色斑。雄鱼体表呈橄榄绿且有红褐色斑点，头部为绿色，眼前有一红纹延伸至嘴角，眼下部有长的弯形红纹。

生活习性：栖息于珊瑚礁区和岩礁区。以底栖无脊椎动物为食。具有性转变行为，先雌后雄。

云斑海猪鱼

Halichoeres nigrescens (Bloch et Schneider, 1801)

形　　态：体长，侧扁。体呈绿褐色，具有 4 ~ 5 个形状不规则的暗绿色斑块；头部具有数条深蓝色条纹；背鳍前段有一黑斑。雌性体色与雄性有较大差异，颜色较淡，有两条黑色条带。

生活习性：栖息于珊瑚礁区。

蓝猪齿鱼

Choerodon azurio (Jordan & Snyder, 1901)

形　　态：体延长，呈长卵圆形。上下颌突出，具犬齿。背鳍连续；尾鳍稍圆形。侧线连续，呈圆弧状。体呈浅红褐色。胸鳍上方有 2 条斜向背鳍基部的相邻斜带，前方一条颜色为黑至暗褐色，后方一条则为白至粉红色。幼鱼呈红褐色，斜带随成长而出现。

生活习性：栖息于珊瑚礁区和岩礁区。以底栖无脊椎动物为食。

指脚鮋

Dactylopus dactylopus (Valenciennes, 1837)

形　　态：体延长，头纵扁。腹鳍硬棘及第一鳍条与其余鳍条分离，第一鳍条延长。第一背鳍有深棕色条纹及一黑斑；第二背鳍有白斑及深棕色水平条纹；臀鳍为黑色具蓝斑；尾鳍前部具黑色斜纹，下半部具白色或淡蓝色斑。

生活习性：栖息于珊瑚礁区和岩礁区底层的泥砂基质上。

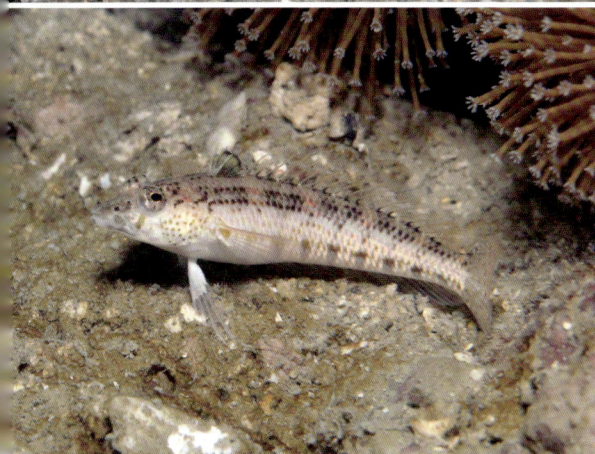

葛罗姆双线鮋

Diplogrammus goramensis (Bleeker, 1858)

形　　态：体延长，头纵扁。侧线下方具一水平皮褶。体表具珍珠状斑点。

生活习性：栖息于珊瑚礁区和岩礁区底层的泥砂基质上。

史氏拟鲈

Parapercis snyderi (Jordan & Starks, 1905)

形　　态：体延长，近似圆柱状。头稍小而似尖锥形。口中大，略倾斜，具犬齿。体被细鳞。体侧上半部具 5 个暗色 V 字形斑；体侧中央有一淡色宽纵带，其下方有暗色横斑；胸鳍基部有一黑斑。

生活习性：栖息于珊瑚礁区和岩礁区底层的泥砂、碎石和死亡的珊瑚基质上。以小型鱼类和甲壳类为食。

圆拟鲈

Parapercis cylindrica (Bloch, 1792)

形　　态：体延长，近似圆柱状。头稍小而似尖锥形，具犬齿。体背为黄褐色，腹面为灰白色；体侧有多条暗色横带延伸至腹部；头侧具 2 条黑褐色斜带。背鳍具黑斑，各鳍具黑色小点。

生活习性：栖息于珊瑚礁区和岩礁区底层的泥砂、碎石、死亡珊瑚基质上。以小型鱼类和甲壳类为食。

吉氏肩鳃鳚

Omobranchus germaini (Sauvage, 1883)

形　　态：体稍侧扁，呈长椭圆形。雄鱼眼后方有一暗斑，头部下方有数条不规则灰黑带，头顶与颈部有黑斑，体侧具成对黑褐色横带。背鳍为灰黑色，有不规则的黑纹；臀鳍为黑色，鳍缘为白色；腹鳍与胸鳍为灰白色。雌鱼与雄鱼略同，但体色较淡，体侧横带较窄，头顶黑斑较淡或消失。

生活习性：栖息于珊瑚礁区和岩礁区的岩石上，也栖息于海岸潮池中。

短头跳岩鳚

Petroscirtes breviceps (Valenciennes, 1836)

形　　态：体呈长形。体色多变，通常呈灰黄至灰褐色。头与身体具小褐斑。体侧有数条不明显的淡褐横带，体侧中央上方有一宽黑褐色带自眼部延伸至尾鳍，下颌与臀鳍有一不明显的淡褐纹。背鳍基部有一黑带，鳍缘有网纹；臀鳍为淡褐色；尾、腹和胸鳍为灰白色。

生活习性：栖息于珊瑚礁区和岩礁区的底层，常栖息于死亡管虫的管内或贝壳内。

双线鳚属的一种

Enneapterygius sp.

形　　态：体形小，延长。雄鱼体色呈橙色至红色。头部为黑色，背部有白色鞍斑。雌鱼体色呈棕色至绿色，具棕色斑点。

生活习性：栖息于珊瑚礁区和岩礁区的岩石上。

雌性 雄性

菲律宾舌塘鳢

Parioglossus philippinus (Herre, 1945)

形　　态：体延长，侧扁。体侧有一黑色纵带。各鳍透明，背鳍基部有黑色条带，尾鳍中部具黑色斑点。

生活习性：栖息于珊瑚礁区和岩礁区，群居性。

棕斑丝虾虎鱼

Cryptocentrus caeruleomaculatus (Herre, 1933)

形　　态：体延长，前呈圆筒形，后侧扁。尾鳍呈圆形；两腹鳍愈合成吸盘，末端延长到肛门。体呈暗灰色，头部、颊部及鳃盖骨散布暗红色斑；体侧中部具 5 个黑色横斑，另具有不太明显的暗色横带及散具一些黑色小点。第一背鳍及第二背鳍均具点状纵纹，臀鳍鳍膜具 5 条由前向后的斜纹，尾鳍散布小斑点。

生活习性：栖息于珊瑚礁区和岩礁区底层碎石的洞穴内。

黑臀丝虾虎鱼

Cryptocentrus melanopus (Bleeker, 1860)

形　　态：体延长。体呈淡棕绿色，腹部为白色；体侧有数条褐色横带。头部、背部和背鳍上有淡粉色到红色的斑点和较小的白点。腹鳍愈合，尾鳍圆形。

生活习性：栖息于珊瑚礁区和岩礁区底层碎石的洞穴内。常与枪虾共生。

中华丝虾虎鱼

Cryptocentrus sericus (Herre, 1932)

形　　态：体延长。体呈黄色或黄棕色。嘴角上方有一对大而明显的深棕色条纹，鳃盖上有第二对条纹，头部有蓝色斑点。腹鳍愈合，尾鳍圆形。

生活习性：栖息于珊瑚礁区和岩礁区底层碎石的洞穴内。常与枪虾共生。

常见个体　黄化个体

康培氏衔虾虎鱼

Istigobius campbelli (Jordan & Snyder, 1901)

形　　态：体延长，前部呈圆柱状；腹鳍愈合成吸盘；体侧被栉鳞而后头部被圆鳞；颊部及鳃盖均裸出；侧线缺如。体呈灰褐色，体侧具纵列黑点。

生活习性：栖息于珊瑚礁区和岩礁区的礁石上。

黑唇丝虾虎鱼

Cryptocentrus cinctus (Herre, 1936)

形　　态：头部、背上部及腹鳍和背鳍有白色或青蓝色的斑点；本种有黄色和暗色两种体色型。

生活习性：常栖息于水深 1 ~ 6 m 的珊瑚礁上和泥砂基质海底的洞穴中。居住在鼓虾挖掘的洞穴中，与鼓虾共生。

三角捷虾虎鱼

Drombus triangularis (Weber, 1909)

形　　态：体形小。体呈灰褐色，有不规则的横纹，并散布有白色小点。胸鳍上方有一小的白色斑点。

生活习性：栖息于近海海底的砾石或砂砾上。

大口巨颌虾虎鱼

Mahidolia mystacina (Valenciennes, 1837)

形　　态：体形小。体呈灰褐色，有不规则的横纹，并散布有白色小点。胸鳍上方有一小的白色斑点。

生活习性：栖息于近海海底的砾石或砂砾上，会进入河口。居住在鼓虾挖掘的洞穴中，与鼓虾共生。

大口犁突虾虎鱼

Myersina macrostoma (Herre, 1934)

形　　态：体形小。体呈灰褐色，有不规则的横纹，并散布有白色小点。胸鳍上方有一小的白色斑点。

生活习性：栖息于近海海底的砾石或砂砾上，会进入河口。

黑带犁突虾虎鱼

Myersina nigrivirgata (Akihito & Meguro, 1983)

形　　态：体形小。体呈白色、浅灰色、黄色至褐色。体表具有不规则的横纹，并散布有白色小点；胸鳍上方有一小的白色斑点。

生活习性：栖息于近海海底的砾石或砂砾上。

金钱鱼

Scatophagus argus (Linnaeus, 1766)

形　　态：体侧扁。口小，吻宽钝。眼中大。体被栉鳞。背鳍有根硬棘。成鱼体呈褐色，腹缘为银白色；体侧具圆形黑斑。背鳍、臀鳍及尾鳍具有小斑点。

生活习性：栖息于近岸泥砂底质的水体中，对低盐度的环境适应性强。杂食性，以小型无脊椎动物和藻类为食。

褐篮子鱼

Siganus fuscescens (Houttuyn, 1782)

形　　态：体侧扁，呈椭圆形。体上部为橄榄绿色或棕色，下部为银色；侧线起点下方有一黑色斑点。成鱼在受惊时体色会变得斑驳。

生活习性：栖息于珊瑚礁区和岩礁区的礁石上。以藻类为食。

细刺鱼

Microcanthus strigatus (Cuvier, 1831)

形　　态：体高而侧扁，呈长卵形。体呈黄色，体侧具 5 条黑色纵带。背、腹及臀鳍为黄色；背及臀鳍上亦有黑色纵带；胸鳍为淡黄色；尾鳍为淡色。

生活习性：栖息于珊瑚礁区和岩礁区。杂食性，以小型无脊椎动物和藻类为食。

燕鱼

Platax teira (Forsskål, 1775)

形　态：体侧扁，呈菱形。背、臀鳍前方鳍条及腹鳍均延长，尾鳍截形或双凹形。体侧共具三条黑色宽横带。幼鱼黑带极黑，背、臀及腹鳍极端延长；成鱼黑带淡化，背、臀及腹鳍相对缩短。

生活习性：栖息于珊瑚礁区和岩礁区。游泳能力弱。

角镰鱼

Zanclus cornutus (Linnaeus, 1758)

形　态：体短而高，极侧扁，近菱形。口小，吻前突如管状。眶间区凸起一对锐角。背鳍第四棘延长为丝状，尾鳍略凹入。体色呈黄白相间，体侧具 2 条黑宽横带；尾鳍为黑色，末端具新月形白边。

生活习性：常栖息于水深较浅、水质清澈的珊瑚礁区或岩礁区。有时会聚集成群觅食，主要以海绵为食，但也会摄食其他动植物。其管状的吻部适于在珊瑚礁缝隙中搜寻无脊椎动物。

眼斑豹鳎

Pardachirus pavoninus (Lacepède, 1802)

形　态：体极侧扁，呈长卵形。两眼皆在体右侧。头部、体侧及各鳍具边缘分布有黑环的不规则白斑，有的白斑中央尚有灰黑点。

生活习性：栖息于珊瑚礁区和岩礁区水体底层的泥砂底质上。以底栖动物为食。皮肤黏液具有毒素。

星斑叉鼻鲀

Arothron stellatus (Anonymous, 1798)

形　态：体呈长椭圆形，头部粗圆，尾柄侧扁。口端位。无腹鳍。背部为浅褐色至灰褐色，腹部色较淡；头部、背部与体侧分布有许多黑色小点；臀部及尾鳍均有黑点。

生活习性：栖息于珊瑚礁区和岩礁区的水体底层。以底栖动物为食。剧毒。

中华单角鲀

Monacanthus chinensis (Osbeck, 1765)

形　　态：体侧扁，呈长椭圆形。吻延长。第一背鳍为硬棘，位于眼上方。腹鳍发达。尾鳍扇形。体呈黄色，分布有不规则褐色小点。

生活习性：栖息于珊瑚礁区和岩礁区的水体底层。杂食性，以小型鱼类、甲壳类和藻类为食。

黄臀多纪鲀

Takifugu flavipterus (Matsuura, 2017)

形　　态：体呈长椭圆形，头部粗圆，尾柄侧扁。口端位。无腹鳍。体上部为棕褐色，具白色圆斑；体下部为苍白色。

生活习性：栖息于珊瑚礁区和岩礁区。以底栖动物为食。剧毒。

尖鼻箱鲀

Ostracion rhinorhynchos (Bleeker, 1851)

形　　态：体呈长方形，鳞片特化为骨质盾板。无腹鳍。幼鱼体呈黄色，具许多黑色斑点；成鱼体呈黄褐色至灰褐色，头部具黑色斑点。

生活习性：栖息于珊瑚礁区和岩礁区。游泳能力弱，以底栖动物和藻类为食。皮肤可分泌毒素。

标本图

粒突箱鲀

Ostracion cubicus Linnaeus, 1758

形　　态：体呈长方形。体甲呈四棱状且背部宽平，背侧棱及腹侧棱发达，棱突较圆钝。口小，吻尖突。幼鱼体呈鲜黄色，散布白色和黑色圆点；成鱼体呈黄褐色，斑点渐不明显。

生活习性：常单独栖于内湾或半遮蔽的礁坡上，幼鱼会躲在阴暗处。以甲壳类、海百合、浮游动物和海藻等为食。

海龟（国家一级保护动物）

Chelonia mydas (Linnaeus, 1758)   别名：绿海龟

形　　态：成年绿海龟的体长约 80 ~ 150 cm，重达 136 ~ 180 kg。通体呈茶褐色或暗绿色，背腹扁平，背甲盾牌呈镶嵌排列，中央椎盾 5 片，侧盾 4 片，每侧有缘盾 11 枚。头部略呈三角形，有 1 对眼前鳞，无厚且重叠的鳞片，吻部短圆，上颚前端不呈钩曲。幼龟在成长初期偏肉食性，随着年龄的增长，食性会逐渐变为杂食，以海藻和海草为主，偶尔摄食小鱼小虾；成年后为植食性，主要靠海草、藻团为食，所以其脂肪为绿色。

生活习性：绿海龟为洄游性海龟，幼龟在沙滩出生，在有海草分布的近岸和有藻团的大洋区觅食和生活，繁殖期会回到近岸交配，在近岸的沙滩上产卵。

布氏鲸（国家一级保护动物）

Balaenoptera edeni Anderson, 1879

成年布氏鲸的体长约为 12 m，头部具三条平行纵脊为其最显著的特征。布氏鲸生活在南北纬 40°之间的热带、亚热带海域，喜欢 16 ℃以上的水温。布氏鲸一般不会长途迁徙，部分会短距离迁徙或不迁徙。与其他须鲸不同，布氏鲸一年四季都在捕食。布氏鲸分布广泛，现已知中国近海最稳定的大型鲸类种群就是在涠洲岛海域出现的布氏鲸群，每年 12 月至次年 4 月会稳定出现在涠洲岛和斜阳岛附近海域，如今已经识别了超过 50 头个体。

真海豚（国家二级保护动物）

Delphinus capensis Gray, 1828

　　成年真海豚的体长约 1.9 ～ 2.5 m。在涠洲岛附近海域出现的为长吻真海豚。一般出现在水深较浅且温暖的近岸海域。真海豚是海洋里最常见的海豚，分布于北纬 40°～ 60° 到南纬 50° 之间的热带及水温比较温暖的海域，除南北极外，几乎所有大洋都可以看到它们的身影。真海豚是群体生活，一般会形成 30 ～ 70 头的群体一起活动，包括捕食和迁徙。真海豚和海鸟以及其他大型鲸类经常一起出现，比如布氏鲸等。每年在涠洲岛附近的海域都有真海豚出没，但是对于它们的迁徙规律、种群数量尚缺乏具体研究。

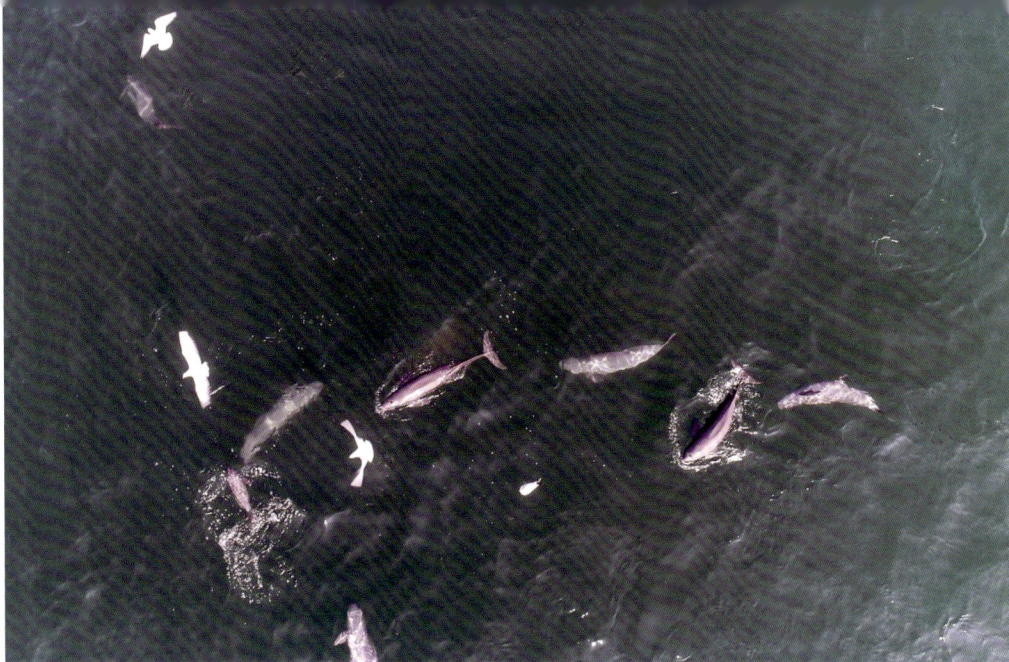

印太江豚（国家二级保护动物）

Neophocaena phocaenoides (G. Cuvier, 1829)　　　　　　　　　　　　　　　　　　别名：海猪

成年印太江豚的体长约为 1.55 m。在涠洲岛附近常年可以看到印太江豚。由于印太江豚没有背鳍，在海上往往只能看到其出水呼吸时的背部拱起，因此在海上较难观察。印太江豚往往成群活动，分布在中国台湾海峡与印度尼西亚之间的太平洋和印度洋之中。

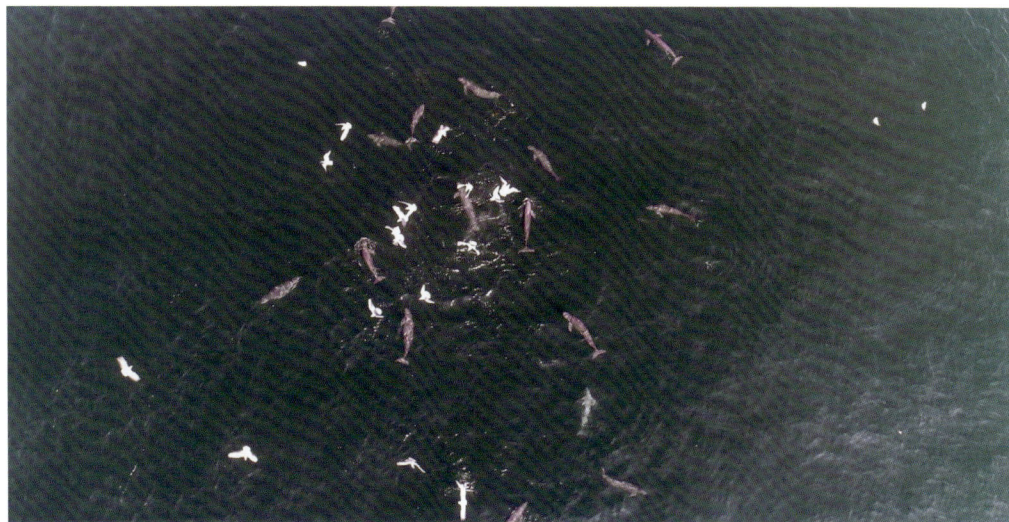

主要参考文献

中文参考文献（按汉语拼音排序）

[1] 鲍安. 涠洲岛可持续发展综合评价研究 [D]. 南宁：广西师范学院，2014.

[2] 广西海洋开发保护管理委员会. 广西海岛资源综合调查报告 [R]. 南宁：广西科学技术出版社，1996.

[3] 郭家富，贾卫华，张栋丽，等. 涠洲岛的淡水资源现状及解决对策 [J]. 区域治理，2020(2):55-57.

[4] 黄德银，施祺，张叶春，等. 海南岛鹿回头造礁珊瑚的 ^{14}C 年代及珊瑚礁的发育演化 [J]. 海洋通报，2004，23(6):31-37.

[5] 黄镇国，张伟强，江璐明. 全新世中国热带北界变迁的探讨 [J]. 第四纪研究，2002，22(4):359-364.

[6] 黄子眉，张春华，申友利，等. 涠洲岛海域风侯和波侯特征分析 [J]. 海洋预报，2021，38(2):62-68.

[7] 惠庆华. 中国全新世大暖期盛期气候带区的划分 [J]. 青海师范大学学报（自然科学版），2021，37(3):60-65.

[8] 黎广钊，梁文，农华琼，等. 涠洲岛珊瑚礁生态环境条件初步研究 [J]. 广西科学，2004，11(4):379-384.

[9] 李嘉琪，白爱娟，蔡亲波. 西沙群岛和涠洲岛气候变化特征及其与近岸陆地的对比 [J]. 热带地理，2018，38(1):72-81.

[10] 梁文，黎广钊. 涠洲岛珊瑚礁分布特征与环境保护的初步研究 [J]. 环境科学研究，2002(6):5-7+16.

[11] 梁文，周浩郎，王欣，等. 涠洲岛西南部海域造礁石珊瑚的群落结构特征分析 [J]. 海洋学报，2021，43(11):123-135.

[12] 林镇凯. 涠洲岛海岸地貌特征、塑造过程和开发利用研究 [D]. 南京：南京大学，2013.

[13] 刘敬合，黎广钊，农华琼. 涠洲岛地貌与第四纪地质特征 [J]. 广西科学院学报，1991(1):27-36.

[14] 刘文杰. 涠洲岛旅游气候资源分析 [Z]. 广西省气象学会 2012 年学术年会论文集. 南宁，2012:91-92,94.

[15] 龙秋萍. 广西北部湾涠洲岛风景资源调查与评价 [D]. 南宁：广西大学，2017.

[16] 龙雅婷，余克服，王瑞，等. 涠洲岛珊瑚礁的发育过程及其与气候的对应关系 [J]. 海洋地质与第四纪地质，2022，42(1):184-193.

[17] 马淑翔. 全域旅游视角下涠洲岛旅游发展探究 [J]. 广东蚕业，2019，53(12):86-87.

[18] 莫竹承，孙仁杰，陈晓，等. 涠洲岛湿地对鸻鹬类水鸟的承载力评估 [J]. 广西科学，2018，25(2):181-188.

[19] 聂宝符. 南沙群岛及其邻近礁区造礁珊瑚与环境变化的关系 [M]. 北京：科学出版社，1997.

[20] 农卫红，李传科，刘昌军. 北部湾涠洲岛水问题与水战略研究 [J]. 中国水利，2015(19):32-34.

[21] 亓发庆，黎广钊，孙永福，等. 北部湾涠洲岛地貌的基本特征 [J]. 海洋科学进展，2003，21(1):41-50.

[22] 史海燕，刘国强. 广西北海涠洲岛珊瑚礁海域生态环境现状与评价 [J]. 科技创新与应用，2012(14):11-12.

[23] 侍茂崇. 北部湾环流研究述评 [J]. 广西科学，2014，21(4):313-324.

[24] 舒晓莲，李一琳，杜寅. 广西涠洲岛鸟类自然保护区的鸟类资源 [J]. 动物学杂志，2009，44(6):54-63.

[25] 苏凤秀，朱鹏飞，黄婷．广西北海涠洲岛植物资源调查研究 [J]．广东园林，2017, 39(6):78-81.

[26] 苏醒醒．涠洲岛旅游区旅游发展景观生态风险评价 [D]．南宁：广西大学，2020.

[27] 覃业曼，余克服，王瑞，等．西沙群岛琛航岛全新世珊瑚礁的起始发育时间及其海平面指示意义 [J]．热带地理，2019, 39(3):319-328.

[28] 覃业曼．西沙群岛琛航岛全新世珊瑚礁的发育过程及其记录的海平面变化 [D]．南宁：广西大学，2019.

[29] 王文欢．近 30 年来北部湾涠洲岛造礁石珊瑚群落演变及影响因素 [D]．南宁：广西大学，2017.

[30] 王鑫．台湾恒春半岛的隆起珊瑚礁台地 [J]．第四纪研究，1997(4):327-332.

[31] 韦蔓新，黎广钊，何本茂，等．涠洲岛珊瑚礁生态系中浮游动植物与环境因子关系的初步探讨 [J]．海洋湖沼通报，2005(2):34-39.

[32]《涠洲岛志》编辑委员会．涠洲岛志 [M]．南宁：广西人民出版社，2012.

[33] 夏明，张承蕙，周秀云．南海珊瑚礁铀系年龄及其地质意义 [J]．地质科学，1985(1):12-20.

[34] 杨文健，于红梅，赵波，等．广西涠洲岛晚新生代玄武岩地幔源区及岩浆成因 [J]．岩石学报，2020, 36(7):2092-2110.

[35] 姚子恒．广西北海涠洲岛海岸侵蚀研究 [D]．山东：国家海洋局第一海洋研究所，2015.

[36] 佚名．涠洲岛考察介绍 [Z]．南海资源环境与海疆权益学术研讨会、第十五届海峡两岸地貌学研讨会暨中国第四纪研究会海岸海洋专业委员会、中国地理学会海洋地理专业委员会 2014 联合学术年会论文集．南宁，2014:16-23

[37] 余克服，钟晋梁，赵建新，等．雷州半岛珊瑚礁生物地貌带与全新世多期相对高海平面 [J]．海洋地质与第四纪地质，2002(2):27-33.

[38] 赵焕庭，宋朝景，孙宗勋，等．南海诸岛全新世珊瑚礁演化的特征 [J]．第四纪研究，1997(4):301-309.

[39] 赵焕庭，王丽荣，宋朝景，等．雷州半岛灯楼角珊瑚岸礁的特征 [J]．海洋地质与第四纪地质，2002(2):35-40.

[40] 赵建新，余克服．南海雷州半岛造礁珊瑚的质谱铀系年代及全新世高海面 [J]．科学通报，2001(20):1734-1738.

[41] 赵希涛，张景文，李桂英．海南岛南岸全新世珊瑚礁的发育 [J]．地质科学，1983(2):150-160.

[42] 赵希涛．海南岛鹿回头珊瑚礁的形成年代及其对海岸线变迁的反映 [J]．科学通报，1979, 24(21):995-998.

[43] 郑光美．中国鸟类分类与分布名录 [J]．生物多样性，2011(4): 494.

[44] 钟红名．涠洲岛火山岩海岸海蚀危岩形成机理与防治措施 [J]．科技风，2013(5):110-112.

[45] 周浩郎，黎广钊．涠洲岛珊瑚礁健康评估 [J]．广西科学院学报，2014, 30(4):238-247.

[46] 邹琦，吴志强，黄亮亮，等．广西涠洲岛珊瑚礁海域鱼类物种组成的调查分析 [J]．南方农业学报，2020, 51(1):1-10.

英文参考文献

[1] Alan J K, Lloyd M C. Polychaetes of Truncated Reef Limestone Substrates on Eastern Indian Ocean Coral Reefs: Diversity, Abundance, and Taxonomy [J]. Internationale Revue Der Gesamten Hydrobiologie Und Hydrographie, 1973, 58:369-399.

[2] Blanchon P, Jones B, Wil. Anatomy of a fringing reef around Grand Cayman; storm rubble, not coral framework [J]. Journal of Sedimentary Research, 1997, 67(1):1-16.

[3] Bouchet P, Lozouet P, Maestrati P, et al. Assessing the magnitude of species richness in tropical marine environments: exceptionally high numbers of molluscs at a New Caledonia site [J]. Biological Journal of the Linnean Society, 2002, 75(4):421-436.

[4] Brander K M, Mcleod A a Q R, Humphreys W F. Comparison of species diversity and ecology of reef-living invertebrates on Aldabra Atoll and at Watamu, Kenya [J]. 1971, 28:397-431.

[5] Brock R E, Brock J H. A method for quantitatively assessing the infaunal community in coral rock1 [J]. Limnology and Oceanography, 1977, 22(5):948-951.

[6] Carvalho S, Aylagas E, Villalobos R, et al. Beyond the visual: using metabarcoding to characterize the hidden reef cryptobiome [J]. The Royal Society, 2019, 286(1896):20182697.

[7] Choi D R, Ginsburg R N. Distribution of coelobites (cavity-dwellers) in coral rubble across the Florida Reef Tract [J]. Coral Reefs, 1983, 2(3):165-172.

[8] Clark T R, Chen X F, Leonard N D, et al. Episodic coral growth in China's subtropical coral communities linked to broad-scale climatic change [J]. Geology, 2019, 47(1):79-82.

[9] Claudio R, Mark W, Mohammed R, et al. Endoscopic exploration of Red Sea coral reefs reveals dense populations of cavity-dwelling sponges [J]. Nature, 2001, 413(6857):726-730.

[10] Coen L D. Herbivory by Caribbean majid crabs: feeding ecology and plant susceptibility [J]. Journal of Experimental Marine Biology & Ecology, 1988, 122(3):257-276.

[11] Depczynski M, Bellwood D R. The role of cryptobenthic reef fishes in coral reef trophodynamics [J]. Marine Ecology Progress Series, 2003, 256:183-191.

[12] Ginsburg R N. Geological and biological roles of cavities in coral reefs [M]//Barnes D J. Perspectives on Coral Reefs. Townsville, 1983:148-153.

[13] Glynn P W. Fish utilization of simulated coral reef frameworks versus eroded rubble substrates off Panama, eastern Pacific [J]. Proc 10th Int Coral Reef Symp, 2006, 1:250-256.

[14] Hutchings P. Cryptofaunal Communities of Coral Reefs [J]. Acta Oceanologica Sinica, 1986, 4:133-143.

[15] Hutchings P. Cryptofaunal Communities of Coral Reefs [M]//Barnes D J. Perspectives on Coral reefs. Townsville: Australian lnstitute of Marine Science, 1983.

[16] Karen V, Belinda D, Andrea D, et al. Episodic reef growth in the granitic Seychelles during the Last Interglacial: Implications for polar ice sheet dynamics [J]. Marine Geology, 2018, 399:170-187.

[17] Klumpp D W, Mckinnon A D, Mundy C N. Motile cryptofauna of a coral reef: abundance, distribution and trophic

potential [J]. Marine Ecology Progress, 1988, 45(1-2):95-108.

[18] Kobluk D R. Cryptic faunas in reefs: ecology and geologic importance [J]. Palaios, 1988, 3: 379-390.

[19] Kohn A J. Microhabitat Factors Affecting Abundance and Diversity of Conus on Coral Reefs [J]. Oecologia, 1983, 60(3):293-301.

[20] Leray M, Meyer C P, Mills S C. Metabarcoding dietary analysis of coral dwelling predatory fish demonstrates the minor contribution of coral mutualists to their highly partitioned, generalist diet [J]. PeerJ, 2015, 3:e1047.

[21] Leviten P J. The Foraging Strategy of Vermivorous Conid Gastropods [J]. Ecological Monographs, 1976, 46(2):157-178.

[22] May R M. How many species are there on Earth? [J]. Science, 1988, 241:1441-1449.

[23] Mccloskey L R. The Dynamics of the Community Associated with a Marine Scleractinian Coral [J]. Internationale Revue der gesamten Hydrobiologie und Hydrographie, 1970, 55(1):13-81.

[24] Meesters E, Knijn R, Willemsen P, et al. Sub-rubble communities of Curaçao and Bonaire coral reefs [J]. Coral Reefs, 1991, 10(4):189-197.

[25] Montaggioni L F. Holocene reef growth history in mid-plate high volcanic islands [J]. Proceeding of 6th International Coral Reef Symposium, 1988, 3:455-460.

[26] Ott B, Lewis J B. The importance of the gastropod Coralliophila abbreviata (Lamarck) and the polychaete Hermodice carunculata (Pallas) as coral reef predators [J]. Can J Zool, 1972, 50:1651-1656.

[27] Pearman J K, Aylagas E, Voolstra C R, et al. Disentangling the complex microbial community of coral reefs using standardized Autonomous Reef Monitoring Structures (ARMS) [J]. Molecular Ecology, 2019, 28(15):3496-3507.

[28] Plaisance L, Caley M J, Brainard R E, et al. The diversity of coral reefs: What are we missing? [J]. PLoS One, 2011, 6:1-7.

[29] Randall J E. Food habits of reef fishes of the West Indies [J]. Stud Trop Ocean, 1967, 5:665-847.

[30] Rasser M W, Riegl B. Holocene coral reef rubble and its binding agents [J]. Coral Reefs, 2002, 21: 57-72.

[31] Reaka-Kudla M L. The global biodiversity of coral reefs: a comparison with rainforests [M]//Reaka-Kudla M L, Wilson D E, Wilson E O. Biodiversity II: Understanding and Protecting Our biological Resources. Washington D C: Joseph Henry/National Academy Press, 1997: 83-108.

[32] Reaka M L. Adult-juvenile interactions in benthic reef crustaceans [J]. Bull Mar Sci, 1987, 41:108-134.

[33] Rothans T C, Miller A C. A link between biologically imported particulate organic nutrients and the detritus food web in reef communities [J]. Marine Biology, 1991, 110(1):145-150.

[34] Salas-Saavedra M, Dechnik B, Webb G E, et al. Holocene reef growth over irregular Pleistocene karst confirms major influence of hydrodynamic factors on Holocene reef development [J]. Quaternary Science Reviews, 2017, 180: 157-176.

[35] Stella J S, Jones G P, Pratchett M S. Variation in the structure of epifaunal invertebrate assemblages among coral hosts [J]. Coral reefs, 2010, 29(4): 957-973.

[36] Veron J E N. Corals of the World[M]. Townsville: Australian Institute of Marine Science, 2000

索引

中文名索引（按汉语拼音排序）

学名索引

D

图片补充说明

以下图片引用自《世界珊瑚》（*coral of the world*）一书。

- 第 38 页右下图；
- 第 42 页右下图；
- 第 43 页上图和左下图；
- 第 44 页右下图；
- 第 45 页左下图；
- 第 61 页左下图和右下图；
- 第 67 页左下图和右下图；
- 第 70 页右下图；
- 第 73 页上图和左下图；
- 第 75 页右下图；
- 第 76 页左下图和右下图；
- 第 88 页左下图和右下图；
- 第 89 页上图；
- 第 90 页右下图；
- 第 91 页上图和左下图。